21世纪高等学校规划教材 | 计算机科学与技术

汇编语言编程实践及上机指导

刘辉 王勇 徐建平 编著

清华大学出版社
北京

内容简介

本书与清华大学出版社已经出版的《汇编语言程序设计》一书相配套。第1章介绍上机实验环境，详细地讲解上机操作步骤，结合具体的例题，学生可以按照操作步骤自己完成实验操作；第2章针对每一个知识点，通过上机实验详细介绍程序的调试过程，并提供对应的上机实验题目，学生可以根据实验中给出的调试过程，自己编写程序并上机调试；第3章给出了《汇编语言程序设计》一书课后习题的答案及详细的讲解。

本书适合作为高等院校计算机、软件工程及信息安全专业本科生、研究生的教材，也可为广大汇编爱好者及广大科技工作者和研究人员提供参考。

图书在版编目(CIP)数据

汇编语言编程实践及上机指导/刘辉，王勇，徐建平编著. —北京：清华大学出版社，2018
(21世纪高等学校规划教材·计算机科学与技术)
ISBN 978-7-302-48883-5

Ⅰ. ①汇… Ⅱ. ①刘… ②王… ③徐… Ⅲ. ①汇编语言—程序设计—高等学校—教材
Ⅳ. ①TP313

中国版本图书馆CIP数据核字(2017)第287198号

责任编辑：刘向威 张爱华
封面设计：傅瑞学
责任校对：李建庄
责任印制：刘海龙

出版发行：清华大学出版社
网址：http://www.tup.com.cn，http://www.wqbook.com
地址：北京清华大学学研大厦A座 **邮编**：100084
社总机：010-62770175 **邮购**：010-62786544
投稿与读者服务：010-62776969，c-service@tup.tsinghua.edu.cn
质量反馈：010-62772015，zhiliang@tup.tsinghua.edu.cn
课件下载：http://www.tup.com.cn，010-62795954
印装者：北京泽宇印刷有限公司
经销：全国新华书店
开本：185mm×260mm **印张**：9.5 **字数**：203千字
版次：2018年1月第1版 **印次**：2018年1月第1次印刷
印数：1～2000
定价：30.00元

产品编号：076632-01

出版说明

随着我国改革开放的进一步深化，高等教育也得到了快速发展，各地高校紧密结合地方经济建设发展需要，科学运用市场调节机制，加大了使用信息科学等现代科学技术提升、改造传统学科专业的投入力度，通过教育改革合理调整和配置了教育资源，优化了传统学科专业，积极为地方经济建设输送人才，为我国经济社会的快速、健康和可持续发展以及高等教育自身的改革发展做出了巨大贡献。但是，高等教育质量还需要进一步提高以适应经济社会发展的需要，不少高校的专业设置和结构不尽合理，教师队伍整体素质亟待提高，人才培养模式、教学内容和方法需要进一步转变，学生的实践能力和创新精神亟待加强。

教育部一直十分重视高等教育质量工作。2007 年 1 月，教育部下发了《关于实施高等学校本科教学质量与教学改革工程的意见》，计划实施"高等学校本科教学质量与教学改革工程"(简称"质量工程")，通过专业结构调整、课程教材建设、实践教学改革、教学团队建设等多项内容，进一步深化高等学校教学改革，提高人才培养的能力和水平，更好地满足经济社会发展对高素质人才的需要。在贯彻和落实教育部"质量工程"的过程中，各地高校发挥师资力量强、办学经验丰富、教学资源充裕等优势，对其特色专业及特色课程(群)加以规划、整理和总结，更新教学内容、改革课程体系，建设了一大批内容新、体系新、方法新、手段新的特色课程。在此基础上，经教育部相关教学指导委员会专家的指导和建议，清华大学出版社在多个领域精选各高校的特色课程，分别规划出版系列教材，以配合"质量工程"的实施，满足各高校教学质量和教学改革的需要。

为了深入贯彻落实教育部《关于加强高等学校本科教学工作，提高教学质量的若干意见》精神，紧密配合教育部已经启动的"高等学校教学质量与教学改革工程精品课程建设工作"，在有关专家、教授的倡议和有关部门的大力支持下，我们组织并成立了"清华大学出版社教材编审委员会"(以下简称"编委会")，旨在配合教育部制定精品课程教材的出版规划，讨论并实施精品课程教材的编写与出版工作。"编委会"成员皆来自全国各类高等学校教学与科研第一线的骨干教师，其中许多教师为各校相关院、系主管教学的院长或系主任。

按照教育部的要求，"编委会"一致认为，精品课程的建设工作从开始就要坚持高标准、严要求，处于一个比较高的起点上。精品课程教材应该能够反映各高校教学改革与课程建设的需要，要有特色风格、有创新性（新体系、新内容、新手段、新思路，教材的内容体系有较高的科学创新、技术创新和理念创新的含量）、先进性（对原有的学科体系有实质性的改革和发展，顺应并符合21世纪教学发展的规律，代表并引领课程发展的趋势和方向）、示范性（教材所体现的课程体系具有较广泛的辐射性和示范性）和一定的前瞻性。教材由个人申报或各校推荐（通过所在高校的“编委会”成员推荐），经“编委会”认真评审，最后由清华大学出版社审定出版。

目前，针对计算机类和电子信息类相关专业成立了两个“编委会”，即“清华大学出版社计算机教材编审委员会”和“清华大学出版社电子信息教材编审委员会”。推出的特色精品教材包括：

（1）21世纪高等学校规划教材·计算机应用——高等学校各类专业，特别是非计算机专业的计算机应用类教材。

（2）21世纪高等学校规划教材·计算机科学与技术——高等学校计算机相关专业的教材。

（3）21世纪高等学校规划教材·电子信息——高等学校电子信息相关专业的教材。

（4）21世纪高等学校规划教材·软件工程——高等学校软件工程相关专业的教材。

（5）21世纪高等学校规划教材·信息管理与信息系统。

（6）21世纪高等学校规划教材·财经管理与应用。

（7）21世纪高等学校规划教材·电子商务。

（8）21世纪高等学校规划教材·物联网。

清华大学出版社经过三十多年的努力，在教材尤其是计算机和电子信息类专业教材出版方面树立了权威品牌，为我国的高等教育事业做出了重要贡献。清华版教材形成了技术准确、内容严谨的独特风格，这种风格将延续并反映在特色精品教材的建设中。

清华大学出版社教材编审委员会
联系人：魏江江
E-mail：weijj@tup.tsinghua.edu.cn

前言

汇编语言作为最接近硬件的计算机编程语言，它既有对硬件直接编程的便利，又有接近于人类自然语言的指令，所以学习汇编语言需要一定的硬件基础知识、严密的思维逻辑和良好的编程习惯。学习汇编语言的难点，在于很多指令的执行需要事先设置默认的寄存器参数。在学习时，要注重各种指令的执行要求，明确默认的参数设置，正确使用各条指令。

为了深入、正确地理解各种汇编指令，编译器提供了各种调试指令。本书针对每一个知识点，通过上机实验详细介绍程序的调试过程，每一步都给出调试的目的，使初学者通过调试命令和调试结果，深切地理解汇编语言基本指令的执行流程，探索计算机内部指令的执行机制，从而深入理解计算机的编程原理，为整个计算机专业知识的学习打下坚实的基础。

本书是编者经过多年的教学总结，把汇编语言的基础教学内容基于学生能快速掌握的原则进行合理编排整理而成的。希望读者通过学习本书可以较快地掌握计算机编程的精髓。

本书的配套资源有课程课件、习题答案、例题的源程序和上机实验操作题目。使用中有任何建议和疑问，可与编者联系，E-mail：hlliuhui@sina.com。书中难免有不当之处，敬请读者批评指正。

编　者

2017年10月

目录

第1章 汇编语言上机操作基本指南

任何一门计算机编程语言，都是为了让计算机执行人类的指令，完成相关的操作。但是，计算机只认识0和1，而人类日常交流使用的语言则有多种，例如，汉语、英语、德语、法语等。为了在两种不同的语言之间交流，可以找一个精通两门语言的翻译人员，让他担任两者之间的桥梁，完成不同语言的交流。人与计算机的交流也是如此。为了让这个特殊的“翻译人员”在人与计算机之间沟通，人类开发了各种编程语言，按照编程语言规定的格式书写的任务序列就构成了程序，然后，让“翻译人员”把程序翻译成机器代码，计算机就“认识”了这些代码，就可以执行这些代码了。

编写程序的工具称为程序编辑器；把程序翻译成机器代码的工具称为编译器；书写程序的过程中容易出现错误，检查错误并给出错误提示信息的工具称为调试程序：这3个工具是任何一门计算机语言必不可少的组成部分。这是3个独立的可执行程序，可以单独使用，也可以把这些工具集成在一起构成一个集成化的开发环境。汇编语言最经典的编程工具是编辑器edit、编译器masm、连接器link、调试工具debug。它们是基于DOS操作系统的命令行开发工具，可以在DOS下直接运行，需要手工输入命令，所有的操作都是在键盘上完成，鼠标不可用。现在又出现了把4个工具集成在一起的Visual ASM等可视化的集成开发环境，这个环境是运行在Windows可视化操作系统下的，但其内核还是DOS下的4个软件：edit、masm、link和debug。本书介绍最经典的编程工具。

1.1 DOS环境的启动

1.1.1 在Windows 7环境下启动

方法一：在Windows 7环境下，在“开始”菜单的搜索框中输入cmd，按Enter键，即可调出DOS命令行窗口，如图1-1和图1-2所示。

方法二：在Windows 7环境下，选择“开始”→“所有程序”→“附件”→“命令提示符”命令，打开命令提示符界面，如图1-3和图1-4所示。

图 1-1　Windows 7 下用 cmd 命令进入 DOS 命令行窗口

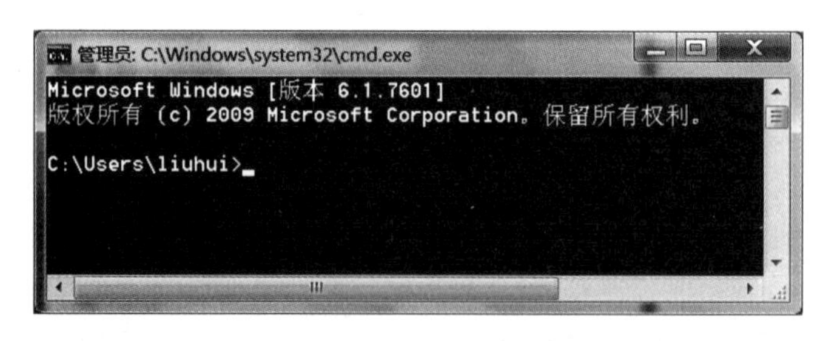

图 1-2　DOS 命令行窗口

图 1-3　Windows 7 下通过“附件”进入 DOS 命令提示符界面

图 1-4　命令提示符界面

1.1.2　在 Windows 10 环境下启动

在 Windows 10 环境下的操作和 Windows 7 环境下的操作大同小异。

方法一：在 Windows 10 环境下，在任务栏的“在这里输入你要搜索的内容”文本框中输入 cmd，按 Enter 键，即可调出 DOS 命令行窗口。

方法二：在 Windows 10 环境下，选择“开始”→“Windows 系统”→“命令提示符”命令，打开命令提示符界面。

1.2　DOS 环境下常用的命令

本节只介绍进行汇编语言编程时常用的命令。

1. dir

含义：显示指定路径上所有文件或目录的信息。

格式：

```
dir [盘符:][路径][文件名] [参数]
```

2. cd

含义：进入指定目录

格式：

```
cd [路径]
```

cd 命令只能进入当前盘符中的目录，其中 cd 为进入到指定目录，cd.. 为返回到上一层目录。

例如，进入 DOS 环境时默认进入的是 C:\Users\，现在需要编写汇编语言程序，所以要进入 D 盘存放有汇编编译器的目录 masm5，操作指令如图 1-5 所示。

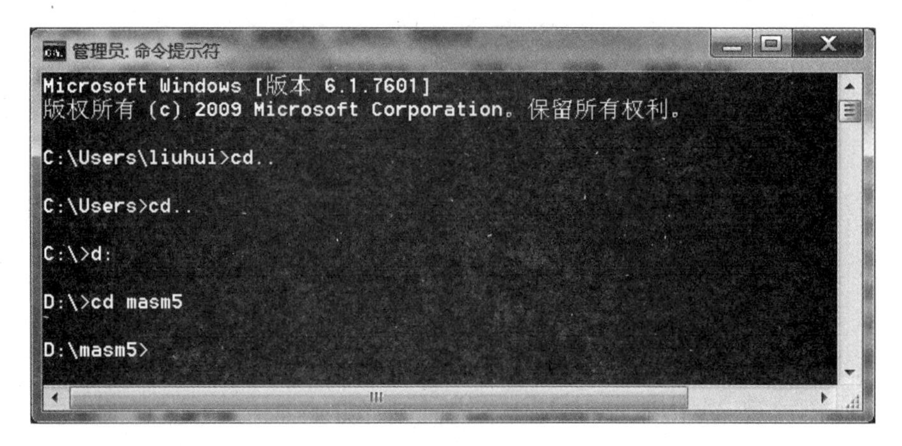

图 1-5　进入汇编程序目录的操作指令

3. md

含义：建立目录。
格式：

```
md [盘符:][路径]
```

例如，md temp 表示在当前盘符下建立一个名为 temp 的目录。

4. rd

含义：删除目录。
格式：

```
rd [盘符:][路径]
```

例如，rd temp 表示删除当前路径下的 temp 目录。需要注意的是，此命令只能删除空目录。

5. copy

含义：复制文件。
格式：

```
copy [源目录或文件] [目的目录或文件]
```

例如，将 D:\masm5 目录下的 ex403.asm 复制到新建的 source 目录中，操作指令如图 1-6 所示。

6. 重定向操作符

可以使用重定向操作符将命令输入和输出数据流从默认位置重定向到不同的位

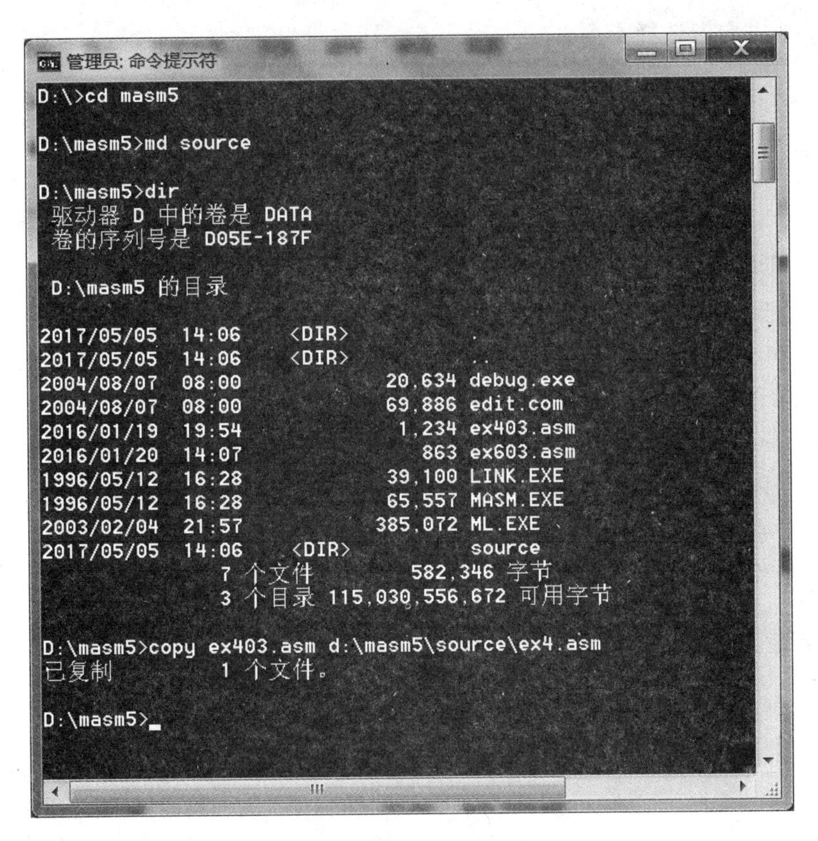

图 1-6　复制文件的操作指令

置。输入或输出数据流的位置即为句柄。

常用的重定向操作符如下。

＞：将命令输出写入到文件或设备(例如打印机)中，而不是写在命令提示符窗口中。

＜：从文件中而不是从键盘中读入命令输入。

＞＞：将命令输出添加到文件末尾而不删除文件中的信息。

＞&：将一个句柄的输出写入到另一个句柄的输入中。

＜&：从一个句柄读取输入并将其写入到另一个句柄输出中。

|：从一个命令中读取输出并将其写入另一个命令的输入中，也称管道。

例如，在汇编语言的调试过程中，需要把调试结果写在一个文件中，这时输入命令 debug ex403.exe more ＞＞ d:\masm5\degrest.txt，按 Enter 键，则在屏幕上看不到调试命令提示符，但在键盘上照样输入命令，按 Enter 键，调试指令继续执行，只是运行结果写入了文件 degrest.txt 中。可以打开 degrest.txt 文件查看调试过程。

7. 重复上一次的指令

要想重复上一次的指令，可以按 F5 键；如果想在已经运行多次的指令中选择，可以使用上下方向键选择指令。

8. exit

含义：退出 DOS 命令行窗口。

1.3 masm 5 的上机操作步骤

对于 16 位的汇编程序，使用经典的编译工具 masm 5 比较方便。这款编译程序是 DOS 界面的操作，但是使用简单，不需要安装。

先把 masm 5 的可执行文件复制到计算机中，在 Windows 自带的命令行窗口中，输入文件名即可。masm 5 共有 4 个可执行文件，分别为 edit、masm、link 和 debug，提供的功能分别为编辑源程序、编译源程序、连接生成可执行文件和调试程序。

上机操作步骤如下：

1. 确定源程序的存放目录

建议源程序存放的目录名为 masm5（或 asm），并放在 C 盘或 D 盘的根目录下。如果没有创建过此目录，请用如下方法创建。

通过 Windows 的资源管理器找到 D 盘的根目录，在 D 盘的根目录窗口中右击，在弹出的快捷菜单中选择“新建”→“文件夹”命令，并把新建的文件夹命名为 masm5。

把 masm. exe、link. exe、debug. exe 和 td. exe 都复制到此目录中。

2. 建立 asm 源程序

建立 asm 源程序可以使用 edit 或 notePad（记事本）文本编辑器。下面的例子说明了用 edit 文本编辑器来建立 asm 源程序的步骤（假定要建立的源程序名为 hello. asm），用 notePad（记事本）建立 asm 源程序的步骤与此类似。

在 Windows 7 中单击“开始”按钮，在弹出的窗口中输入 edit. com d:\masm5\hello. asm，按 Enter 键，屏幕上出现 edit 的编辑窗口，如图 1-7 所示。

窗口标题行显示了 edit 程序的完整路径名。紧接着标题行下面的是菜单行，窗口最下面一行是提示行。菜单可以用 Alt 键激活，然后用方向键选择菜单项，也可以直接按 Alt+F 组合键打开 File 菜单，按 Alt+E 组合键打开 Edit 菜单等。

如果输入 edit 命令时已带上了源程序文件名（d:\masm5\hello. asm），在编辑窗口上部会显示该文件名。如果在输入 edit 命令时未给出源程序文件名，则编辑窗口上会显示 untitled1，表示文件还没有名字，在这种情况下，保存源程序文件时，edit 会提示输入要保存的源程序的文件名。

编辑窗口用于输入源程序。edit 是一个全屏幕编辑程序，故可以使用方向键把光

```
C:\Windows\system32\edit.com
  File  Edit  Search  View  Options  Help
                              d:\masm5\hello.asm
data segment
   source_buffer db 40 dup ('a')
data ends
extra segment
   dest_buffer db 40 dup(?)
extra ends

code segment
main proc far
  assume cs:code,ds:data,es:extra
start:
```

图 1-7　edit 的编辑窗口

标定位到编辑窗口中的任何一个位置上。edit 中的编辑键和功能键符合 Windows 的标准，这里不再赘述。

源程序输入完毕后，按 Alt+F 组合键打开 File 菜单，选择其中的 Save 命令将文件存盘。如果在输入 edit 命令时未给出源程序文件名，则这时会弹出一个 Save As 对话框，在这个对话框中输入要保存的源程序的路径和文件名(本例中为 d:\masm5\hello.asm)。

注意：汇编语言源程序文件的扩展名最好为.asm，这样能给后面的汇编和连接操作带来很大的方便。

3. 用 masm.exe 汇编源程序产生.obj 目标文件

建立源文件 hello.asm 后，要使用汇编程序对源程序文件汇编，汇编后产生二进制的目标文件(.obj 文件)。具体操作如下：

1) 在 Windows 中操作(不稳定，容易自动退出)

用资源管理器打开源程序目录 d:\masm5，把 hello.asm 拖到 masm.exe 程序图标上。

2) 在 DOS 命令提示符窗口中操作

选择“开始”→“所有程序”→“附件”→“命令提示符”命令，打开 DOS 命令提示符窗口；或者在“开始”菜单的“搜索程序和文件”文本框中输入 cmd，按 Enter 键，打开 DOS 命令提示符窗口。然后，在 DOS 窗口中，用 cd 命令转到源程序目录下，接着输入 masm 命令，操作时的 DOS 命令提示符窗口显示如图 1-8 所示。

不管用上述哪种方法，进入 masm 程序后，都会提示输入目标文件名(Object Filename)，并在方括号中显示默认的目标文件名，建议输入目标文件的完整路径名，如 d:\masm5\hello.obj <回车>。后面的两个提示为可选项，直接按 Enter 键。

注意：若打开 masm 程序时未给出源程序名，则 masm 程序会首先提示输入源程序文件名(Source Filename)，此时输入源程序文件名 hello.asm 并按 Enter 键，然后

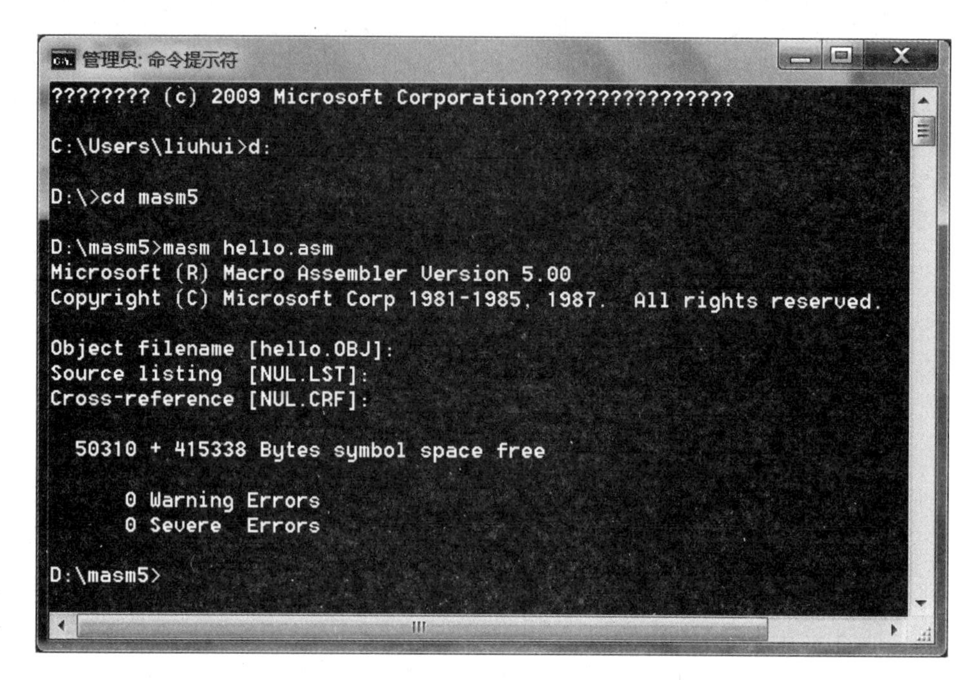

图 1-8 在 DOS 命令提示符窗口中进行汇编

进行的操作与上面完全相同。

如果没有错误，masm 就会在当前目录下建立一个 hello.obj 文件(名字与源文件名相同，只是扩展名不同)。如果源文件有错误，masm 会指出错误的行号和错误的原因。图 1-9 是有错误的汇编过程例子。在这个例子中，可以看到源程序的错误类型有两类：

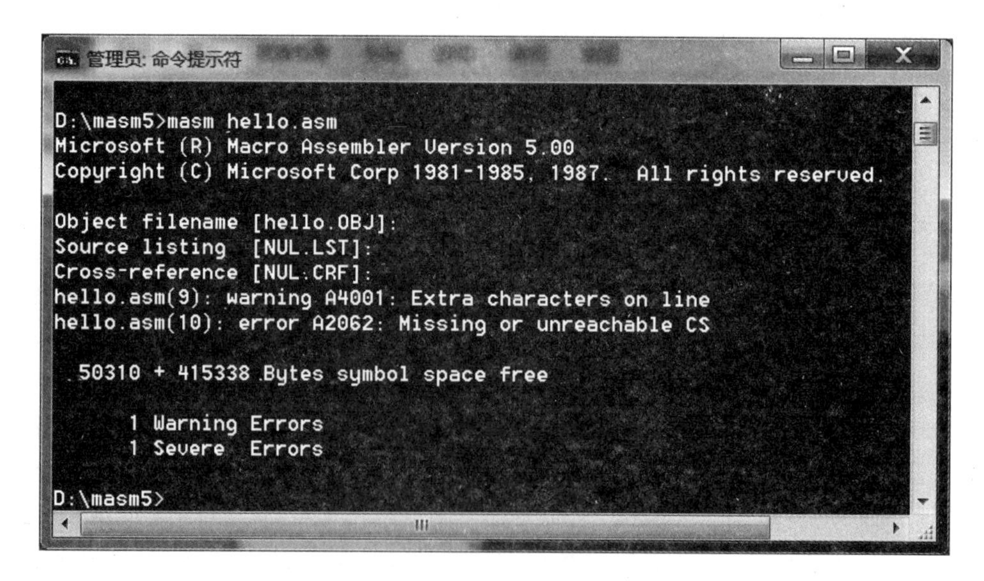

图 1-9 有错误的汇编过程例子

(1) 警告错误(Warning Errors):警告错误不影响程序的运行,但可能会得出错误的结果。此例中有一个警告错误。

(2) 严重错误(Severe Errors):对于严重错误,masm 将无法生成.obj 文件。此例中有一个严重错误。

在错误信息中,括号里的数字为有错误的行号(在此例中,错误出现在第 9、10 行),后面给出了错误类型及具体错误原因。如果出现了严重错误,必须重新进入 edit 编辑器,根据错误的行号和错误原因改正源程序中的错误,保存所做修改,继续汇编,直到编译器不再报错为止。

注意:汇编程序只能指出程序的语法错误,无法指出程序逻辑的错误。

4. 用 link.exe 产生.exe 可执行文件

在上一步骤中,汇编程序产生的是二进制目标文件(.obj 文件),并不是可执行文件,要想使编写的程序能够运行,还必须用连接程序(link.exe)把.obj 文件转换为可执行的.exe 文件。具体操作如下:

1) 在 Windows 中操作

用资源管理器打开源程序目录的 d:\masm5,把 hello.obj 拖到 link.exe 程序图标上。

2) 在 DOS 命令提示符窗口中操作

选择"开始"→"所有程序"→"附件"→"命令提示符"命令,或者在"开始"菜单的"搜索程序和文件"文本框中输入 cmd,打开 DOS 命令提示符窗口。然后,在 DOS 命令提示符窗口中,用 cd 命令转到源程序目录下,接着输入 link 命令:

```
d:\masm5 > link hello.obj <回车>
```

操作时的屏幕显示如图 1-10 所示。

不管用以上两个方法中的哪个方法,进入 link 程序后,都会提示输入可执行文件名(Run File),并在方括号中显示默认的可执行文件名,建议输入可执行文件的完整路径名,如 d:\masm5\hello.exe <回车>。后面的两个提示为可选项,直接按 Enter 键。

注意:若打开 link 程序时未给出.obj 文件名,则 link 程序会首先提示输入.obj 文件名,此时输入.obj 文件名 hello.obj 并按 Enter 键,然后进行的操作与上面完全相同。

如果没有错误,link 就会建立一个 hello.exe 文件。如果.obj 文件有错误,link 会指出错误的原因。对于无堆栈警告(Warning: no stack segment)信息,可以不予理睬,它不影响程序的执行。如连接时有其他错误,须检查且修改源程序,重新汇编、连接,直到正确。

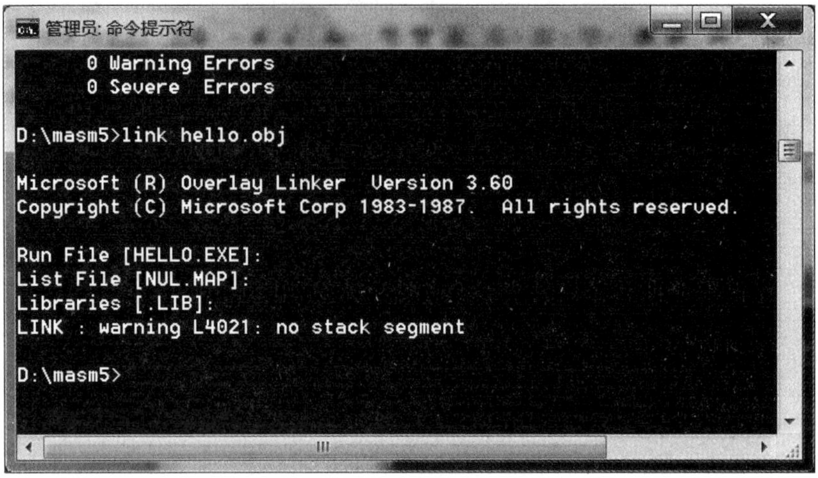

管理员: 命令提示符
0 Warning Errors
0 Severe Errors
D:\masm5>link hello.obj
Microsoft (R) Overlay Linker Version 3.60
Copyright (C) Microsoft Corp 1983-1987. All rights reserved.
Run File [HELLO.EXE]:
List File [NUL.MAP]:
Libraries [.LIB]:
LINK : warning L4021: no stack segment
D:\masm5>

图 1-10 把.obj 文件连接成可执行文件的屏幕显示

5. 运行程序

建立了 hello.exe 文件后，就可以直接在 DOS 下运行此可执行文件，如图 1-11 所示。

d: \masm5 > hello.exe <回车>

管理员: 命令提示符
Run File [HELLO.EXE]:
List File [NUL.MAP]:
Libraries [.LIB]:
LINK : warning L4021: no stack segment
D:\masm5>hello.exe
D:\masm5>_

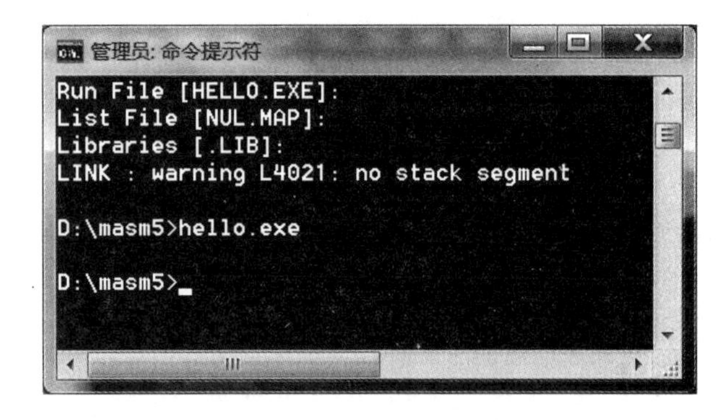

图 1-11 运行可执行文件

程序运行结束后，返回 DOS 命令提示符窗口。如果运行结果正确，那么程序运行结束时结果会直接显示在屏幕上。如果程序不显示结果，如何知道程序是否正确呢？例如，这里的 hello.exe 程序并未显示出结果，所以不知道程序执行的结果是否正确。这时，就要使用 td.exe 或 debug.exe 调试工具来查看运行结果。此外，大部分程序必须经过调试阶段才能纠正程序执行中的错误。

6. 调试程序

调试程序是为了找出程序中的错误。借助 debug.exe 工具不仅可以查看程序中寄存器中的数据，还可查错。在命令行方式下，输入 debug，就可调用调试工具了，如图 1-12 和图 1-13 所示。

```
管理员: 命令提示符 - debug hello.exe
DS=1427  ES=142A  SS=1427  CS=142D  IP=0015   NV UP EI PL ZR NA PE NC
142D:0015 FC            CLD
-q

D:\masm5>debug hello.exe
-u
142D:0000 1E            PUSH    DS
142D:0001 2BC0          SUB     AX,AX
142D:0003 50            PUSH    AX
142D:0004 B82714        MOV     AX,1427
142D:0007 8ED8          MOV     DS,AX
142D:0009 B82A14        MOV     AX,142A
142D:000C 8EC0          MOV     ES,AX
142D:000E 8D360000      LEA     SI,[0000]
142D:0012 BF0000        MOV     DI,0000
142D:0015 FC            CLD
142D:0016 B92800        MOV     CX,0028
142D:0019 F3            REPZ
142D:001A A4            MOVSB
142D:001B CB            RETF
142D:001C 7F04          JG      0022
142D:001E 007403        ADD     [SI+03],DH
-g 0012

AX=142A  BX=0000  CX=007C  DX=0000  SP=FFFC  BP=0000  SI=0000  DI=0000
DS=1427  ES=142A  SS=1427  CS=142D  IP=0012   NV UP EI PL ZR NA PE NC
142D:0012 BF0000        MOV     DI,0000
-
```

图 1-12　调试命令 u 和 g

```
管理员: 命令提示符 - debug hello.exe

AX=142A  BX=0000  CX=007C  DX=0000  SP=FFFC  BP=0000  SI=0000  DI=0000
DS=1427  ES=142A  SS=1427  CS=142D  IP=0012   NV UP EI PL ZR NA PE NC
142D:0012 BF0000        MOV     DI,0000
-d ds:0000
1427:0000  61 61 61 61 61 61 61 61-61 61 61 61 61 61 61 61   aaaaaaaaaaaaaaaa
1427:0010  61 61 61 61 61 61 61 61-61 61 61 61 61 61 61 61   aaaaaaaaaaaaaaaa
1427:0020  61 61 61 61 61 61 61 61-00 00 00 00 00 00 00 00   aaaaaaaa........
1427:0030  00 00 00 00 00 00 00 00-00 00 00 00 00 00 00 00   ................
1427:0040  00 00 00 00 00 00 00 00-00 00 00 00 00 00 00 00   ................
1427:0050  00 00 00 00 00 00 00 00-00 00 00 00 00 00 00 00   ................
1427:0060  1E 2B C0 50 B8 27 14 8E-D8 B8 2A 14 8E C0 8D 36   .+.P.'....*....6
1427:0070  00 00 BF 00 00 FC B9 28-00 F3 A4 CB 7F 04 00 74   .......(.......t
-g 1b

AX=142A  BX=0000  CX=0000  DX=0000  SP=FFFC  BP=0000  SI=0028  DI=0028
DS=1427  ES=142A  SS=1427  CS=142D  IP=001B   NV UP EI PL ZR NA PE NC
142D:001B CB            RETF
-d es:0
142A:0000  61 61 61 61 61 61 61 61-61 61 61 61 61 61 61 61   aaaaaaaaaaaaaaaa
142A:0010  61 61 61 61 61 61 61 61-61 61 61 61 61 61 61 61   aaaaaaaaaaaaaaaa
142A:0020  61 61 61 61 61 61 61 61-00 00 00 00 00 00 00 00   aaaaaaaa........
142A:0030  1E 2B C0 50 B8 27 14 8E-D8 B8 2A 14 8E C0 8D 36   .+.P.'....*....6
142A:0040  00 00 BF 00 00 FC B9 28-00 F3 A4 CB 7F 04 00 74   .......(.......t
142A:0050  03 E9 86 00 89 46 F8 89-56 FA C4 5E F8 26 8A 47   .....F..V..^.&.G
142A:0060  0C 2A E4 40 50 8B C3 05-0C 00 52 50 E8 91 43 83   .*.@P.....RP..C.
142A:0070  C4 04 50 8D 86 74 FF 50-E8 E7 6D 83 C4 06 C4 5E   ..P..t.P..m....^
-
```

图 1-13　调试命令 g 和 d

以上的 6 步操作，在运行一个完整程序时，只需使用一种方法打开 DOS 命令行窗口，在一个 DOS 窗口中完成编写源程序、汇编程序、连接程序、调试程序和运行程序等各种操作，不需要每次都退出 DOS 命令行窗口再重新打开。

1.4 调试程序

1.4.1 debug 程序的启动

debug 是专门为汇编语言设计的一种调试工具，它通过步进、设置断点等方式为汇编语言程序员提供了非常有效的调试手段。

在 DOS 命令行窗口中，进入 debug 程序所在的根目录，输入如下命令即可调出调试程序：

```
d:\masm5\debug <回车>
```

debug 的命令格式：

```
[drive:][path] debug[d:][p][filename][.exe][param...]
```

其中：

[drive:]是指定 debug 文件的磁盘驱动器标识符，debug 是外部 DOS 命令，所以必须把它从磁盘读入内存。若未指定，DOS 将使用当前默认磁盘驱动器。

[path]是 DOS 查找 debug 文件的一个子目录串表示的路径。若未指定，DOS 将使用当前工作目录。

[d:]是 debug 将要调试的文件所在的磁盘驱动器。

[p]是查找 debug 将要调试的文件所需的子目录路径，若未指定，则 DOS 使用当前目录。

[filename][.exe]是 debug 将要调试的文件名。

[param...]是将被调试的程序(或文件)的命令行参数。

例如，在 DOS 提示符下，可输入命令

```
d:\masm5\debug <回车>
```

debug 所完成的初始化动作，假定没有文件名，启动 debug：

段寄存器 CS、DS、ES 和 SS 置为 debug 程序后的第一个段。

指令指针寄存器 IP 置为 100H(程序段前缀 PSP 后的第一个语句)。

堆栈指针 SP 置为段末或 command.com 暂驻部分的结束地址(其中较小的那个地址)。

其余通用寄存器均置为 0，标志寄存器置为下述状态。

```
NV   UP   EI   PL   NE   NA   PO   NC
```

如果在DOS提示符下，输入的命令包含文件名：

```
d:\masm5\debug ex101.exe
```

则段寄存器DS和ES指向PSP。寄存器BX和CX含有程序长度。

1.4.2 常用的调试命令及功能

1. 汇编命令a

格式：

```
-a[地址]
```

该命令从指定地址开始允许输入汇编语句，把它们汇编成机器代码相继存放在从指定地址开始的存储器中。

例如：

```
-a
136B:0100 mov ax,100
136B:0103 mov bx,200
136B:0106 mov cx,300
136B:0109 mov dx,400
136B:010C           ;按 Enter 键就可以退出 a 命令
-q                  ;输入 q 按 Enter 键就可以退出 debug 程序
```

操作提示：在学习汇编语言时，为了验证某一个语句的具体执行结果，可以使用a命令，然后输入语句，再用t命令执行这个语句查看运行结果。例如：

```
d:\masm5\debug <回车>
-a
136B:0100 mov ax,100
136B:0103 <回车>
-t  ;输入 t 按 Enter 键就可以看到运行结果
```

2. 反汇编命令u

有两种格式：

1）格式1

```
-u[地址]
```

该命令从指定地址开始，反汇编32个字节，若地址省略，则从上一个u命令的最后一条指令的下一个单元开始显示32个字节。

例如：

```
-u
13C9:0000 1E          PUSH   DS
13C9:0001 2BC0        SUB    AX,AX
13C9:0003 50          PUSH   AX
13C9:0004 B8C313      MOV    AX,13C3
13C9:0007 8ED8        MOV    DS,AX
13C9:0009 B8C613      MOV    AX,13C6
13C9:000C 8EC0        MOV    ES,AX
13C9:000E 8D360000    LEA    SI,[0000]
13C9:0012 8D3E0000    LEA    DI,[0000]
13C9:0016 FC          CLD
13C9:0017 B92800      MOV    CX,0028
13C9:001A F3          REPZ
13C9:001B A4          MOVSB
13C9:001C CB          RETF
13C9:001D 0000        ADD    [BX+SI],AL
13C9:001F 0000        ADD    [BX+SI],AL
```

2）格式 2

```
-u 范围
```

该命令对指定范围的内存单元进行反汇编。

例如：

```
-u 13c9:000e 001b
13C9:000E 8D360000    LEA    SI,[0000]
13C9:0012 8D3E0000    LEA    DI,[0000]
13C9:0016 FC          CLD
13C9:0017 B92800      MOV    CX,0028
13C9:001A F3          REPZ
13C9:001B A4          MOVSB
-
```

3. 运行命令 g

格式：

```
-g [=地址 1][地址 2[地址 3...]]
```

其中，地址 1 规定了运行起始地址，后面的若干地址均为断点地址。

例如：

```
-g 1c
```

```
AX = 13C6 BX = 0000 CX = 0000 DX = 0000 SP = FFFC BP = 0000 SI = 0028 DI = 0028
DS = 13C3 ES = 13C6 SS = 13C3 CS = 13C9 IP = 001C NV UP EI PL ZR NA PE NC
13C9:001C CB            RETF
-
```

4. 追踪命令 t

它有两种格式。

1) 逐条指令追踪

```
-t[ = 地址]
```

该命令从指定地址起执行一条指令后停下来,显示寄存器内容和状态值。

例如:

```
-t
AX = 0000  BX = 0000  CX = 007D  DX = 0000  SP = FFFE  BP = 0000  SI = 0000  DI = 0000
DS = 13B3  ES = 13B3  SS = 13C3  CS = 13C9  IP = 0001  NV UP EI PL NZ NA PO NC
13C9:0001 2BC0            SUB  AX,AX
-
```

2) 多条指令追踪

```
-t[ = 地址][值]
```

该命令从指定地址起执行 n 条命令后停下来,n 由[值]确定。

例如:

```
-t 3
AX = 0000  BX = 0000  CX = 007D  DX = 0000  SP = FFFE  BP = 0000  SI = 0000  DI = 0000
DS = 13B3  ES = 13B3  SS = 13C3  CS = 13C9  IP = 0001  NV UP EI PL NZ NA PO NC
13C9:0001 2BC0            SUB  AX,AX
AX = 0000  BX = 0000  CX = 007D  DX = 0000  SP = FFFE  BP = 0000  SI = 0000  DI = 0000
DS = 13B3  ES = 13B3  SS = 13C3  CS = 13C9  IP = 0003  NV UP EI PL ZR NA PE NC
13C9:0003 50              PUSH  AX
AX = 0000  BX = 0000  CX = 007D  DX = 0000  SP = FFFC  BP = 0000  SI = 0000  DI = 0000
DS = 13B3  ES = 13B3  SS = 13C3  CS = 13C9  IP = 0004  NV UP EI PL ZR NA PE NC
13C9:0004 B8C313          MOV  AX,13C3
```

5. 显示内存单元内容的命令 d

格式:

```
-d[地址]
```

或

```
-d[范围]
```

例如：

```
-d ds:0
13C3:0000 61 61 61 61 61 61 61 61-61 61 61 61 61 61 61 61    aaaaaaaaaaaaaaaa
13C3:0010 61 61 61 61 61 61 61 61-61 61 61 61 61 61 61 61    aaaaaaaaaaaaaaaa
13C3:0020 61 61 61 61 61 61 61 61-00 00 00 00 00 00 00 00    aaaaaaaa........
13C3:0030 61 61 61 61 61 61 61 61-61 61 61 61 61 61 61 61    aaaaaaaaaaaaaaaa
13C3:0040 61 61 61 61 61 61 61 61-61 61 61 61 61 61 61 61    aaaaaaaaaaaaaaaa
13C3:0050 61 61 61 61 61 61 61 61-00 00 00 00 00 00 00 00    aaaaaaaa........
13C3:0060 1E 2B C0 50 B8 C3 13 8E-D8 B8 C6 13 8E C0 8D 36    .+.P..........6
13C3:0070 00 00 8D 3E 00 00 FC B9-28 00 F3 A4 CB 00 00 00    ...>....(.......
-
```

6. 修改内存单元内容的命令 e

它有两种格式：

1）用给定的内容代替指定范围的单元内容

```
-e 地址  内容表
```

例如：

```
-e 2000:0100  F3 "XYZ" 8D
```

其中，F3、X、Y、Z 和 8D 各占一个字节，共 5 个字节。用这 5 个字节代替原内存单元 2000:0100 到 0104 的内容，X、Y、Z 将分别按它们的 ASCII 码值代入。

2）逐个单元相继地修改

```
-e 地址
```

例如：

```
-e 100:
18E4:0100 89.78
```

此命令是将原 100 号单元的内容 89 改为 78。78 是程序员输入的。

7. 检查和修改寄存器内容的命令 r

它有 3 种方式：

1）显示 CPU 内部所有寄存器内容和标志位状态

格式：

```
-r
```

r 命令显示中标志位状态的含义如表 1-1 所示。

表 1-1 标志位的含义

标志名	置位	复位
溢出 Overflow(是/否)	OV	NV
方向 Direction(减量/增量)	DN	UP
中断 Interrupt(允许/屏蔽)	EI	DI
符号 Sign(负/正)	NG	PL
零 Zero(是/否)	ZR	NZ
辅助进位 Auxiliary Carry(是/否)	AC	NA
奇偶 Parity(偶/奇)	PE	PO
进位 Carry(是/否)	CY	NC

2) 显示和修改某个指定寄存器内容

格式：

```
-r 寄存器名
```

例如，输入：

```
-r AX
```

系统将给出响应：

```
AX  FIF4
:
```

表示 AX 当前内容为 F1F4，此时若不对其做修改，可按 Enter 键，否则，输入修改后内容，如：

```
-r BX
BX 0369
:059F
```

则 BX 内容由 0369 改为 059F。

3) 显示和修改标志位状态

格式：

```
-rf
```

系统将给出响应，例如：

```
OV DN EI NG ZR AC PE CY -
```

这时若不做修改可按 Enter 键，否则在一之后输入修改值，输入顺序任意。例如：

```
OV DN EI NG ZR AC PE CY - PONZDINV
```

8. 命名命令 n

格式：

```
-n 文件名
```

此命令将文件名格式化在 CS:5CH 的文件控制块内，以便使用 l 或 w 命令把文件装入内存进行调试或存盘。

9. 装入命令 l

它有两种功能：

1）把磁盘上指定扇区的内容装入到内存指定地址起始的单元中

格式：

```
-l  地址  驱动器  扇区号  扇区数
```

2）装入指定文件

格式：

```
-l [地址]
```

此命令装入已在 CS:5CH 中格式化的文件控制块所指定的文件。

在用 l 命令前，BX 和 CX 中应包含所读文件的字节数。

10. 写命令 w

它有两种格式：

1）把数据写入磁盘的指定扇区

格式：

```
-w  地址  驱动器  扇区号  扇区数
```

2）把数据写入指定文件中

格式：

```
-w  [地址]
```

此命令把指定内存区域中的数据写入由 CS:5CH 处的 FCB 所规定的文件中。在用 w 命令前，BX 和 CX 中应包含要写入文件的字节数。

11. 退出 debug 命令 q

格式：

```
-q
```

它退出 debug 程序，返回 DOS，但该命令本身并不把在内存中的文件存盘，如需存盘，应在执行 q 命令前先执行写命令 w。

第2章 上机实验指导

本章的所有操作都是在DOS操作界面进行的，不论Windows操作系统是什么版本，都提供有进入DOS操作界面的接口。常用的方法在第1章已有详细的介绍。汇编语言的编译器是masm5，它包含4个可执行程序，分别是edit、masm、link、debug。只需把文件夹masm5复制到硬盘上即可。本书为了操作方便，直接复制到D盘根目录下，即D:\masm5\下有4个应用程序edit、masm、link、debug，后面的所有实验环境都是在此目录下。

上机实验1　汇编语言上机基本操作

一、实验目的

1. 学习DOS基本操作命令。
2. 熟练掌握汇编上机操作步骤。
3. 熟悉debug程序中的常用指令。

二、实验内容

1. 进入DOS操作界面。

在Windows 7环境下，选择“开始”→“所有程序”→“附件”→“命令提示符”命令，打开命令提示符界面。

2. 进入D:\masm5，使用edit编辑器编写源程序。这个程序的功能是计算c=a+b，并把计算结果输出在屏幕上。输入命令edit ex101.asm，按Enter键，操作过程如图2-1所示。

3. 在edit编辑器中输入汇编源程序ex101.asm，代码如下：

```
data segment
    a  db  ?
    b  db  ?
    c  db  ?
```

```
    string  db 'c = $ '
data ends
code segment
main proc far
    assume cs:code,ds:data,es:data
start:
    push   ds
    sub    ax,ax
    push   ax
    mov    ax, data
    mov    ds,ax
    mov    es,ax
    mov    a,1
    mov    b,2
    mov    al, a
    add    al, b
    mov    c, al
    lea    dx, string
    mov    ah, 09
    int    21h
    add    c,30h
    mov    dl,c
    mov    ah,2
    int    21h
    mov    dl, 0ah
    int    21h
    mov    dl, 0dh
    int    21h
    ret
main  endp
    code  ends
        end  start
```

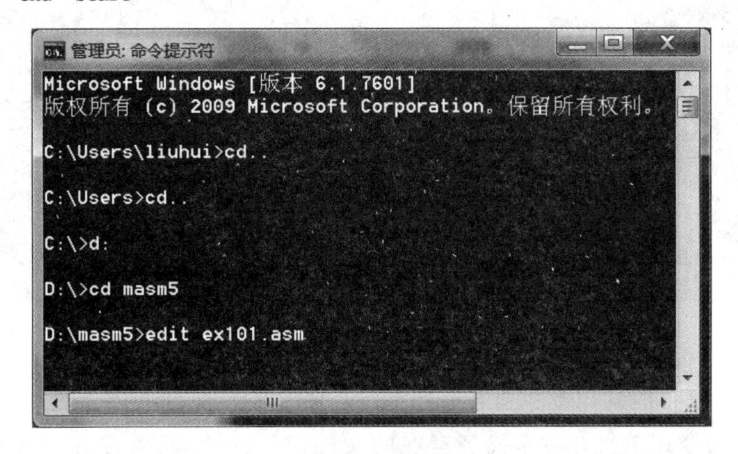

图 2-1　DOS 下操作指令

4. 输入完毕后,保存源程序。保存方法:单击图 2-2 左上角的 File 菜单,选择 Save 命令。

图 2-2 edit 编辑器中 Save 命令的使用

由于在第 3 步操作中,edit 命令中直接输入了文件名字,所以,这次选择 Save 命令,没有出现对话框,直接保存所做的修改。如果 edit 命令中没有输入文件名,则在选择 Save 命令后会出现 Save As 对话框,如图 2-3 所示。需要在 File Name 文本框内输入文件的名称,在 Directories 列表框中可以选择文件的存放路径。

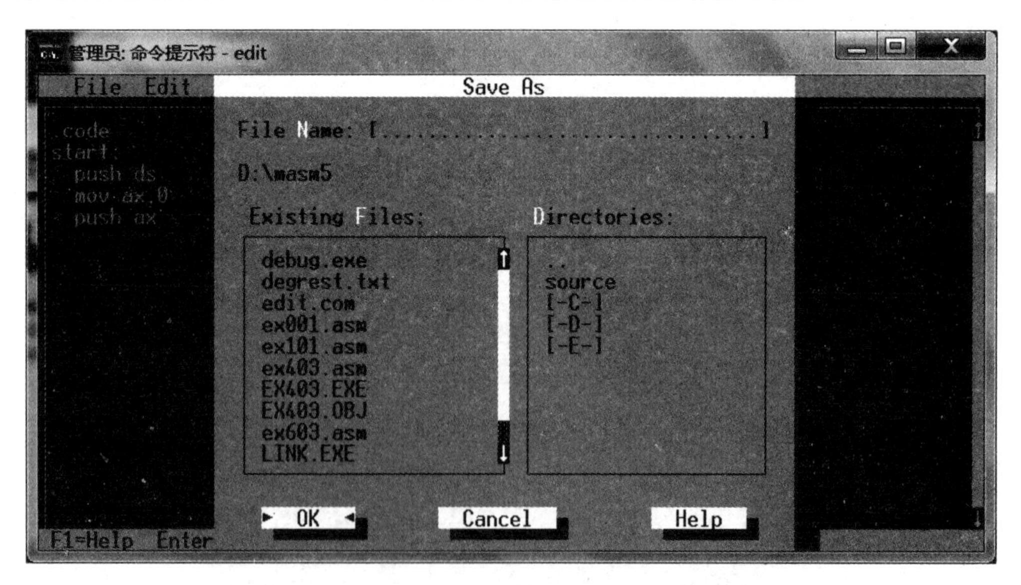

图 2-3 edit 编辑器中 Save As 命令的使用

edit 编辑器中的常用菜单命令介绍如下:File→New 命令用于新建一个源程序;File→Open 命令用于打开一个已经存在的文件;File→Save 命令用于保存对文件的修改;File→Save As 命令用于对正在打开的文件重新命名;File→Exit 命令用于退

出 edit 编辑器，返回到 DOS 主界面。

5. 退出 edit 编辑器，回到 DOS 主界面，利用 masm 编译器对源程序 ex101. asm 进行汇编，也就是让第一个“翻译人员”masm 把源程序 ex101. asm 文件翻译成目标文件 ex101. obj。

在 DOS 界面中，输入命令 masm ex101. asm，按 Enter 键，对源程序进行汇编。

如果书写的源程序没有语法错误，masm 就可以翻译成目标文件，运行界面如下：

```
Microsoft © Macro Assembler Version 5.00
Copyright © Microsoft Corp 1981 - 1985, 1987. All rights reserved.

Source listing [NUL.LST]: Cross - reference [NUL.CRF]:
  50348 + 415300 Bytes symbol space free

      0 Warning Errors
      0 Severe Errors
```

如果源程序有语法错误，则“翻译人员”masm 就会把错误信息显示在屏幕上，编程人员要对源程序进行修改，修改完毕再进行保存，然后再次汇编，直到没有错误，汇编完成，生成目标文件 ex101. obj。有错误的提示信息如下：

```
Microsoft © Macro Assembler Version 5.00
Copyright © Microsoft Corp 1981 - 1985, 1987. All rights reserved.

Source listing [NUL.LST]: Cross - reference [NUL.CRF]: ex101.asm(8): warning A4001:
Extra characters on line
ex101.asm(9): error A2062: Missing or unreachable CS
ex101.asm(10): warning A4101: Missing data; zero assumed
```

最后两行是错误提示信息，提示在 ex101. asm 源程序中，第 9、10 行有错误。按照提示可以在源程序中进行修改，修改完毕保存修改，再次汇编，直至没有错误。

6. 目标文件生成后，再请出第二个“翻译人员”link，它把目标文件. obj 翻译成可执行文件. exe。输入命令 link ex101. obj，按 Enter 键。

如果没有错误，link 把目标文件翻译成可执行文件 ex101. exe；如果有错误，需要返回源程序修改源程序，保存以后重新使用 masm 汇编，使用 link 连接，直到生成可执行文件. exe。

7. 输入可执行文件的名称，就可以运行程序了。如果程序有输出结果，则直接显示在屏幕上。具体的操作指令如图 2-4 所示。

实验报告的书写可以参照下面的样式进行。

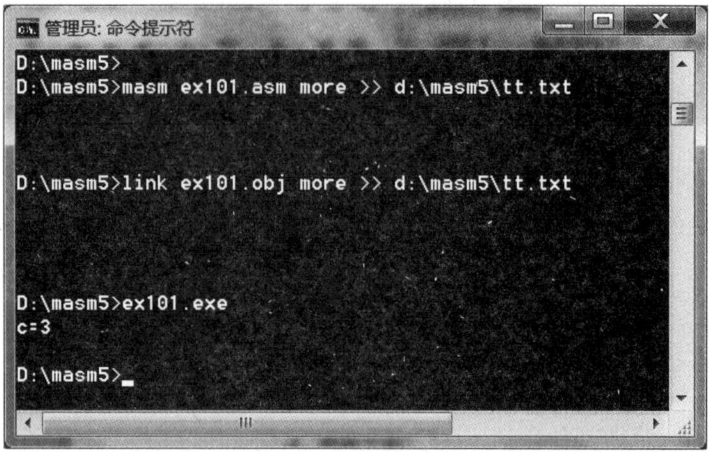

管理员: 命令提示符

```
D:\masm5>
D:\masm5>masm ex101.asm more >> d:\masm5\tt.txt


D:\masm5>link ex101.obj more >> d:\masm5\tt.txt


D:\masm5>ex101.exe
c=3

D:\masm5>_
```

图 2-4　具体的操作指令

学校名称

实验报告

课程名称 汇编语言 实验项目 上机实验1：汇编语言上机基本操作

姓名 学号 班级

专业 教师姓名 实验日期

一、实验目的

1. 学习DOS基本操作命令。

2. 熟练掌握汇编上机操作步骤。

3. 熟悉debug程序中的常用指令。

二、实验内容

1. 求两个数a、b之和。

2. 求两个数a、b中的最大数。

三、程序源代码

只写代码段的主要部分。

四、运行调试过程

1. 进入DOS命令行窗口。

2. 进入D:\masm5，使用edit编辑器编写源程序，输入命令d:\masm5\edit ex101.asm。

3. 在edit编辑器中输入汇编源程序ex101.asm。

4. 源程序输入完毕，保存源程序，注意保存路径。

5. 退出edit编辑器，回到DOS主界面，利用masm编译器对源程序ex101.asm进行汇编，输入命令d:\masm5\masm ex101.asm，按Enter键。

6. 目标文件生成后，再请出第二个"翻译人员"link，它把目标文件.obj翻译成可执行文件.exe。输入命令d:\masm5\link ex101.obj，按Enter键。

7. 输入可执行文件的名称，就可以运行程序了。输入命令d:\masm5\ex101.exe，按Enter键。

8. 调试程序，输入命令d:\masm5\debug ex101.exe，按Enter键。

根据个人的调试过程，把调试的内容写入文件中。具体调试步骤可以参考debug命令。

操作提示：DOS命令行窗口中，按F5键可以显示上次输入的命令，也可以使用上下方向键，选择多个曾经操作过的命令。

把 DOS 命令行窗口中运行结果直接写入文件，用重定向符命令>>实现，便于书写实验报告。例如：

d:\masm5\masm ex101. asm more >>d:\masm5\result\ex101. doc

以下是参考部分，请不要照抄。

```
-u
0B6E:0000 1E            PUSH    DS
0B6E:0001 2BC0          SUB     AX,AX
0B6E:0003 50            PUSH    AX
0B6E:0004 B86A0B        MOV     AX,0B6A
0B6E:0007 8ED8          MOV     DS,AX
0B6E:0009 B86C0B        MOV     AX,0B6C
0B6E:000C 8EC0          MOV     ES,AX
0B6E:000E 8D360000      LEA     SI,[0000]
0B6E:0012 8D3E0000      LEA     DI,[0000]
0B6E:0016 FC            CLD
0B6E:0017 B91100        MOV     CX,0011
0B6E:001A F3            REPZ
0B6E:001B A4            MOVSB
0B6E:001C CB            RETF
0B6E:001D 8946F6        MOV     [BP-0A],AX
-q
```

五、实验心得

写出在 DOS 环境下编写、运行程序的过程以及调试中遇到的问题是如何解决的，并对调试过程中的问题进行分析，对运行结果进行分析。

上机实验 2　常用指令的使用

一、实验目的

1. 深入理解 debug 命令中的常用指令，理解指令的含义。
2. 熟悉汇编语言常用的各种指令，如数据传送指令、算术运算、跳转指令等。

二、实验内容

1. 把数据段中的 40 个字母 a 组成的字符串从源缓冲区传送到目的缓冲区。

操作步骤如下：

(1) 进入 DOS 命令行窗口。

(2) 进入 D:\masm5，使用 edit 编写源程序，输入命令 d:\masm5\edit ex348. asm。

(3) 在 edit 编辑器中输入汇编源程序 ex348.asm。

(4) 源程序输入完毕,保存源程序。

(5) 退出 edit 编辑器,回到 DOS 主界面,利用 masm 编译器对源程序 ex348.asm 进行汇编,输入命令 d:\masm5\masm ex348.asm,按 Enter 键。

(6) 目标文件生成后,再请出第二个"翻译人员"link,它把目标文件.obj 翻译成可执行文件.exe。输入命令 d:\masm5\link ex348.obj,按 Enter 键。

(7) 输入可执行文件的名称,就可以运行程序了。输入命令 d:\masm5\ex348.exe,按 Enter 键。

(8) 调试程序,输入命令 d:\masm5\debug ex348.exe,按 Enter 键。

根据个人的调试过程,把调试的内容写入文件中。

ex348.asm 源代码如下:

```
datarea segment
   mess1 db 40 dup('a'), '$ '
datarea ends

extra segment
   mess2 db 40 dup(?)
extra ends

code segment
main proc far
     assume cs:code,ds:datarea,es:extra
start:
     push ds
     sub ax,ax
     push ax

     mov ax,datarea
     mov ds,ax

     mov ax,extra
     mov es,ax
;------ rep movsb -------

     lea si,mess1
     lea di,mess2
     cld
     mov cx,40

     rep movsb
```

```
        mov ax,extra
        mov ds,ax
        mov dx,offset mess2
        mov ah,9
        int 21h

  ret
main endp
code ends
        end start
```

上机操作过程如下。

(1) 编译：输入命令 d:\masm5\masm ex348.asm，按 Enter 键。

```
Microsoft (R) Macro Assembler Version 5.00
Copyright (C) Microsoft Corp 1981 - 1985, 1987. All rights reserved.

Source listing [NUL.LST]:
Cross - reference [NUL.CRF]:
   50792 + 450136 Bytes symbol space free
         0 Warning Errors
         0 Severe Errors
```

(2) 连接：输入命令 d:\masm5\link ex348.obj，按 Enter 键。

```
Microsoft (R) Overlay Linker Version 3.60
Copyright (C) Microsoft Corp 1983 - 1987. All rights reserved.

Run File [ex348.EXE]:
List File [NUL.MAP]:
Libraries [.LIB]:
LINK :
warning L4021: no stack segment
```

(3) 调试：输入命令 d:\masm5\debug ex348.exe，按 Enter 键。

① 先用命令 u 反汇编整个程序，查看每条指令的物理地址，其显示内容的含义为：最左边一列是代码的内存地址；中间一列是汇编指令翻译成的机器代码；最右边一列是源代码反汇编出的程序代码，它和源程序非常相似，但是汇编程序已经把指令中用到的存储单元名称用系统分配的地址数值代替了，指令中的数值也转换为十六进制了。

```
 - u
0B75:0000 1E             PUSH  DS
0B75:0001 2BC0           SUB   AX,AX
0B75:0003 50             PUSH  AX
```

```
0B75:0004 B86F0B        MOV   AX,0B6F       ;数据段的首地址 DS 0B6F
0B75:0007 8ED8          MOV   DS,AX
0B75:0009 B8720B        MOV   AX,0B72       ;附加段的首地址 ES 0B72
0B75:000C 8EC0          MOV   ES,AX
0B75:000E 8D360000      LEA   SI,[0000]
0B75:0012 8D3E0000      LEA   DI,[0000]
0B75:0016 FC            CLD
0B75:0017 B92800        MOV   CX,0028       ;数据段中定义的字符串长度 40,转换为十
                                            ;六进制,是 28H
0B75:001A F3            REPZ
0B75:001B A4            MOVSB
0B75:001C B402          MOV AH,02           ;为了在 DOS 格式下,程序运行完毕后可以看
                                            ;到运行结果,特地增加了一个输入语句
0B75:001E CD21          INT   21
-u

0B75:0020 CB            RETF
```

② 从上一步的结果中找到数据段的首地址 0B6F,附加段的首地址 0B72,查看里面存储的数据,数据段从首地址 0B6F 开始 40 个字节中存储了 40 个字符 a。

```
-d 0b6f:0000

0B6F:0000 61 61 61 61 61 61 61 61-61 61 61 61 61 61 61 61   aaaaaaaaaaaaaaaa
0B6F:0010 61 61 61 61 61 61 61 61-61 61 61 61 61 61 61 61   aaaaaaaaaaaaaaaa
0B6F:0020 61 61 61 61 61 61 61 61-00 00 00 00 00 00 00 00   aaaaaaaa........
0B6F:0030 00 00 00 00 00 00 00 00-00 00 00 00 00 00 00 00   ................
0B6F:0040 00 00 00 00 00 00 00 00-00 00 00 00 00 00 00 00   ................
0B6F:0050 00 00 00 00 00 00 00 00-00 00 00 00 00 00 00 00   ................
0B6F:0060 1E 2B C0 50 B8 6F 0B 8E-D8 B8 72 0B 8E C0 8D 36   .+.P.o....r....6
0B6F:0070 00 00 8D 3E 00 00 FC B9-28 00 F3 A4 B4 02 CD 21   ...>....(......!

-d 0b72:0000
;附加段从首地址 0B72 开始 40 个字节中存储了 40 个空字符
0B72:0000 00 00 00 00 00 00 00 00-00 00 00 00 00 00 00 00   ................
0B72:0010 00 00 00 00 00 00 00 00-00 00 00 00 00 00 00 00   ................
0B72:0020 00 00 00 00 00 00 00 00-00 00 00 00 00 00 00 00   ................
0B72:0030 1E 2B C0 50 B8 6F 0B 8E-D8 B8 72 0B 8E C0 8D 36   .+.P.o....r....6
0B72:0040 00 00 8D 3E 00 00 FC B9-28 00 F3 A4 B4 02 CD 21   ...>....(......!
0B72:0050 CB 00 00 00 00 00 00 00-00 00 00 00 00 00 00 00   ................
0B72:0060 61 61 61 61 61 61 61 61-61 61 61 61 61 61 61 61   aaaaaaaaaaaaaaaa
0B72:0070 61 61 61 61 61 61 61 61-61 61 61 61 61 61 61 61   aaaaaaaaaaaaaaaa
```

③ 从反汇编地址中找到数据段的首地址 0B6F 并传给寄存器 AX 的指令地址 0B75:**0007**,用 g 命令执行到地址 0007,然后用 t 命令单步执行,查看寄存器 AX、DS、

ES 内容的变化。

```
-g  0007

AX = 0B6F  BX = 0000  CX = 0111  DX = 0000  SP = FFFC  BP = 0000  SI = 0000  DI = 0000
DS = 0B5F  ES = 0B5F  SS = 0B6F  CS = 0B75  IP = 0007  NV UP EI PL ZR NA PE NC
0B75:0007 8ED8          MOV DS,AX
-t
AX = 0B6F  BX = 0000  CX = 0111  DX = 0000  SP = FFFC  BP = 0000  SI = 0000  DI = 0000
DS = 0B6F  ES = 0B5F  SS = 0B6F  CS = 0B75  IP = 0009  NV UP EI PL ZR NA PE NC
0B75:0009 B8720B        MOV AX,0B72
-t
AX = 0B72  BX = 0000  CX = 0111  DX = 0000  SP = FFFC  BP = 0000  SI = 0000  DI = 0000
DS = 0B6F  ES = 0B5F  SS = 0B6F  CS = 0B75  IP = 000C  NV UP EI PL ZR NA PE NC
0B75:000C 8EC0          MOV ES,AX
-t
AX = 0B72  BX = 0000  CX = 0111  DX = 0000  SP = FFFC  BP = 0000  SI = 0000  DI = 0000
DS = 0B6F  ES = 0B72  SS = 0B6F  CS = 0B75  IP = 000E  NV UP EI PL ZR NA PE NC
0B75:000E 8D360000      LEA SI,[0000]          DS:0000 = 6161
-t
AX = 0B72  BX = 0000  CX = 0111  DX = 0000  SP = FFFC  BP = 0000  SI = 0000  DI = 0000
DS = 0B6F  ES = 0B72  SS = 0B6F  CS = 0B75  IP = 0012  NV UP EI PL ZR NA PE NC
0B75:0012 8D3E0000      LEA DI,[0000]          DS:0000 = 6161
-t
AX = 0B72  BX = 0000  CX = 0111  DX = 0000  SP = FFFC  BP = 0000  SI = 0000  DI = 0000
DS = 0B6F  ES = 0B72  SS = 0B6F  CS = 0B75  IP = 0016  NV UP EI PL ZR NA PE NC
0B75:0016 FC            CLD
```

④ 让程序执行到传送准备工作完成后的地址 0B75:0016 FC CLD，查看源偏移地址 SI 和目标偏移地址 DI 的值，以及移动次数存放的寄存器 CX，然后用 t 命令单步执行，查看寄存器源地址(DS:DI)和目标地址(ES:SI)内容的变化。

```
-g 0016
AX = 0B72  BX = 0000  CX = 0111  DX = 0000  SP = FFFC  BP = 0000  SI = 0000  DI = 0000
DS = 0B6F  ES = 0B72  SS = 0B6F  CS = 0B75  IP = 0016  NV UP EI PL ZR NA PE NC
0B75:0016 FC            CLD

-t
AX = 0B72  BX = 0000  CX = 0111  DX = 0000  SP = FFFC  BP = 0000  SI = 0000  DI = 0000
DS = 0B6F  ES = 0B72  SS = 0B6F  CS = 0B75  IP = 0017  NV UP EI PL ZR NA PE NC
0B75:0017 B92800        MOV CX,0028

-t
AX = 0B72  BX = 0000  CX = 0028  DX = 0000  SP = FFFC  BP = 0000  SI = 0000  DI = 0000
```

```
DS = 0B6F   ES = 0B72   SS = 0B6F   CS = 0B75   IP = 001A   NV UP EI PL ZR NA PE NC
0B75:001A F3                REPZ
0B75:001B A4                MOVSB
-t

AX = 0B72   BX = 0000   CX = 0027   DX = 0000   SP = FFFC   BP = 0000   SI = 0001   DI = 0001
DS = 0B6F   ES = 0B72   SS = 0B6F   CS = 0B75   IP = 001A   NV UP EI PL ZR NA PE NC
0B75:001A F3                REPZ
0B75:001B A4                MOVSB
-t

AX = 0B72   BX = 0000   CX = 0026   DX = 0000   SP = FFFC   BP = 0000   SI = 0002   DI = 0002
DS = 0B6F   ES = 0B72   SS = 0B6F   CS = 0B75   IP = 001A   NV UP EI PL ZR NA PE NC
0B75:001A F3                REPZ
0B75:001B A4                MOVSB
-t

AX = 0B72   BX = 0000   CX = 0025   DX = 0000   SP = FFFC   BP = 0000   SI = 0003   DI = 0003
DS = 0B6F   ES = 0B72   SS = 0B6F   CS = 0B75   IP = 001A   NV UP EI PL ZR NA PE NC
0B75:001A F3                REPZ
0B75:001B A4                MOVSB

-d ds:0000
;进行了3次传送操作后,查看源缓冲区和目的缓冲区的内容
0B6F:0000 61 61 61 61 61 61 61 61-61 61 61 61 61 61 61 61   aaaaaaaaaaaaaaaa
0B6F:0010 61 61 61 61 61 61 61 61-61 61 61 61 61 61 61 61   aaaaaaaaaaaaaaaa
0B6F:0020 61 61 61 61 61 61 61 61-00 00 00 00 00 00 00 00   aaaaaaaa........
0B6F:0030 61 61 61 00 00 00 00 00-00 00 00 00 00 00 00 00   aaa.............
0B6F:0040 00 00 00 00 00 00 00 00-00 00 00 00 00 00 00 00   ................
0B6F:0050 00 00 00 00 00 00 00 00-00 00 00 00 00 00 00 00   ................
0B6F:0060 1E 2B C0 50 B8 6F 0B 8E-D8 B8 72 0B 8E C0 8D 36   .+.P.o....r....6
0B6F:0070 00 00 8D 3E 00 00 FC B9-28 00 F3 A4 B4 02 CD 21   ...>....(......!
-d es:0000

0B72:0000 61 61 61 00 00 00 00 00-00 00 00 00 00 00 00 00   aaa.............
0B72:0010 00 00 00 00 00 00 00 00-00 00 00 00 00 00 00 00   ................
0B72:0020 00 00 00 00 00 00 00 00-00 00 00 00 00 00 00 00   ................
0B72:0030 1E 2B C0 50 B8 6F 0B 8E-D8 B8 72 0B 8E C0 8D 36   .+.P.o....r....6
0B72:0040 00 00 8D 3E 00 00 FC B9-28 00 F3 A4 B4 02 CD 21   ...>....(......!
0B72:0050 CB 00 00 00 00 00 00 00-00 00 00 00 00 00 00 00   ................
0B72:0060 61 61 61 61 61 61 61 61-61 61 61 61 61 61 61 61   aaaaaaaaaaaaaaaa
0B72:0070 61 61 61 61 61 61 61 61-61 61 61 61 61 61 61 61   aaaaaaaaaaaaaaaa
```

```
-r
;用 r 命令查看各个寄存器的内容
AX=0B72  BX=0000  CX=0025  DX=0000  SP=FFFC  BP=0000  SI=0003  DI=0003
DS=0B6F  ES=0B72  SS=0B6F  CS=0B75  IP=001A  NV UP EI PL ZR NA PE NC
0B75:001A F3          REPZ
0B75:001B A4          MOVSB

;用 e 命令修改源缓冲区的内容,然后执行传送操作,看目的缓冲区内容的变化
-e 0b6f:0004

0B6F:0004 61.67 61.68 61.69 61.70
0B6F:0008 61.71 61.71

-d ds:0000
0B6F:0000 61 61 61 61 67 68 69 70-71 71 61 61 61 61 61 61   aaaaghipqqaaaaaa
0B6F:0010 61 61 61 61 61 61 61 61-61 61 61 61 61 61 61 61   aaaaaaaaaaaaaaaa
0B6F:0020 61 61 61 61 61 61 61 61-00 00 00 00 00 00 00 00   aaaaaaaa........
0B6F:0030 61 61 61 00 00 00 00 00-00 00 00 00 00 00 00 00   aaa.............
0B6F:0040 00 00 00 00 00 00 00 00-00 00 00 00 00 00 00 00   ................
0B6F:0050 00 00 00 00 00 00 00 00-00 00 00 00 00 00 00 00   ................
0B6F:0060 1E 2B C0 50 B8 6F 0B 8E-D8 B8 72 0B 8E C0 8D 36   .+.P.o....r....6
0B6F:0070 00 00 8D 3E 00 00 FC B9-28 00 F3 A4 B4 02 CD 21   ...>....(......!

-t
AX=0B72  BX=0000  CX=0024  DX=0000  SP=FFFC  BP=0000  SI=0004  DI=0004
DS=0B6F  ES=0B72  SS=0B6F  CS=0B75  IP=001A  NV UP EI PL ZR NA PE NC
0B75:001A F3          REPZ
0B75:001B A4          MOVSB

-t
AX=0B72  BX=0000  CX=0023  DX=0000  SP=FFFC  BP=0000  SI=0005  DI=0005
DS=0B6F  ES=0B72  SS=0B6F  CS=0B75  IP=001A  NV UP EI PL ZR NA PE NC
0B75:001A F3          REPZ
0B75:001B A4          MOVSB
-t

AX=0B72  BX=0000  CX=0022  DX=0000  SP=FFFC  BP=0000  SI=0006  DI=0006
DS=0B6F  ES=0B72  SS=0B6F  CS=0B75  IP=001A  NV UP EI PL ZR NA PE NC
0B75:001A F3          REPZ
0B75:001B A4          MOVSB
-t

AX=0B72  BX=0000  CX=0021  DX=0000  SP=FFFC  BP=0000  SI=0007  DI=0007
```

```
DS=0B6F  ES=0B72  SS=0B6F  CS=0B75  IP=001A  NV UP EI PL ZR NA PE NC
0B75:001A F3            REPZ
0B75:001B A4            MOVSB
-t

AX=0B72  BX=0000  CX=0020  DX=0000  SP=FFFC  BP=0000  SI=0008  DI=0008
DS=0B6F  ES=0B72  SS=0B6F  CS=0B75  IP=001A  NV UP EI PL ZR NA PE NC
0B75:001A F3            REPZ
0B75:001B A4            MOVSB
;源缓冲区变化了的内容传送到了目的缓冲区,结果如下
-d es:0000

0B72:0000 61 61 61 61 67 68 69 70-00 00 00 00 00 00 00 00   aaaaghip........
0B72:0010 00 00 00 00 00 00 00 00-00 00 00 00 00 00 00 00   ................
0B72:0020 00 00 00 00 00 00 00 00-00 00 00 00 00 00 00 00   ................
0B72:0030 1E 2B C0 50 B8 6F 0B 8E-D8 B8 72 0B 8E C0 8D 36   .+.P.o....r....6
0B72:0040 00 00 8D 3E 00 00 FC B9-28 00 F3 A4 B4 02 CD 21   ...>....(......!
0B72:0050 CB 00 00 00 00 00 00 00-00 00 00 00 00 00 00 00   ................
0B72:0060 61 61 61 61 61 61 61 61-61 61 61 61 61 61 61 61   aaaaaaaaaaaaaaaa
0B72:0070 61 61 61 61 61 61 61 61-61 61 61 61 61 61 61 61   aaaaaaaaaaaaaaaa

-r

AX=0B72  BX=0000  CX=0020  DX=0000  SP=FFFC  BP=0000  SI=0008  DI=0008
DS=0B6F  ES=0B72  SS=0B6F  CS=0B75  IP=001A  NV UP EI PL ZR NA PE NC
0B75:001A F3            REPZ
0B75:001B A4            MOVSB

;用f命令修改源缓冲区的内容,然后执行传送操作,看目的缓冲区内容的变化
-f 0b6f:0006 0009 "yupkh"
-t
AX=0B72  BX=0000  CX=001F  DX=0000  SP=FFFC  BP=0000  SI=0009  DI=0009
DS=0B6F  ES=0B72  SS=0B6F  CS=0B75  IP=001A  NV UP EI PL ZR NA PE NC
0B75:001A F3            REPZ
0B75:001B A4            MOVSB
-t
AX=0B72  BX=0000  CX=001E  DX=0000  SP=FFFC  BP=0000  SI=000A  DI=000A
DS=0B6F  ES=0B72  SS=0B6F  CS=0B75  IP=001A  NV UP EI PL ZR NA PE NC
0B75:001A F3            REPZ
0B75:001B A4            MOVSB
-t
AX=0B72  BX=0000  CX=001D  DX=0000  SP=FFFC  BP=0000  SI=000B  DI=000B
DS=0B6F  ES=0B72  SS=0B6F  CS=0B75  IP=001A  NV UP EI PL ZR NA PE NC
```

```
0B75:001A F3          REPZ
0B75:001B A4          MOVSB
-t
AX=0B72  BX=0000  CX=001C  DX=0000  SP=FFFC  BP=0000  SI=000C  DI=000C
DS=0B6F  ES=0B72  SS=0B6F  CS=0B75  IP=001A  NV UP EI PL ZR NA PE NC
0B75:001A F3          REPZ
0B75:001B A4          MOVSB
-t
AX=0B72  BX=0000  CX=001B  DX=0000  SP=FFFC  BP=0000  SI=000D  DI=000D
DS=0B6F  ES=0B72  SS=0B6F  CS=0B75  IP=001A  NV UP EI PL ZR NA PE NC
0B75:001A F3          REPZ
0B75:001B A4          MOVSB
```

```
;把源缓冲区中从地址 0B6F:0006 到 0009 的内容改为 "yupk",但在执行此次块修改 f 命令前,
;源缓冲区的前 8 个字符已经传送到目的缓冲区,所以此次块修改 f 命令执行后,源缓冲区内
;容从地址 0B6F:0006 到 0009 的内容改为 "yupk",执行若干次传送指令后,目的缓冲区内从
;ES:0008 到 0009 之间的内容接收了源缓冲区的内容 "pk",结果如下
-d es:0000

0B72:0000 61 61 61 61 67 68 69 70-70 6B 61 61 61 00 00 00   aaaaghippkaaa...
0B72:0010 00 00 00 00 00 00 00 00-00 00 00 00 00 00 00 00   ................
0B72:0020 00 00 00 00 00 00 00 00-00 00 00 00 00 00 00 00   ................
0B72:0030 1E 2B C0 50 B8 6F 0B 8E-D8 B8 72 0B 8E C0 8D 36   .+.P.o....r....6
0B72:0040 00 00 8D 3E 00 00 FC B9-28 00 F3 A4 B4 02 CD 21   ...>....(......!
0B72:0050 CB 00 00 00 00 00 00 00-00 00 00 00 00 00 00 00   ................
0B72:0060 61 61 61 61 61 61 61 61-61 61 61 61 61 61 61 61   aaaaaaaaaaaaaaaa
0B72:0070 61 61 61 61 61 61 61 61-61 61 61 61 61 61 61 61   aaaaaaaaaaaaaaaa
```

⑤ 完全执行程序,最后再显示目标地址(ES:SI)的内容的变化:

```
-g 001c

AX=0B72  BX=0000  CX=0000  DX=0000  SP=FFFC  BP=0000  SI=0028  DI=0028
DS=0B6F  ES=0B72  SS=0B6F  CS=0B75  IP=001C  NV UP EI PL ZR NA PE NC
0B75:001C B402          MOV   AH,02
-d es:0000

0B72:0000 61 61 61 61 67 68 69 70-70 6B 61 61 61 61 61 61   aaaaghippkaaaaaa
0B72:0010 61 61 61 61 61 61 61 61-61 61 61 61 61 61 61 61   aaaaaaaaaaaaaaaa
0B72:0020 61 61 61 61 61 61 61 61-00 00 00 00 00 00 00 00   aaaaaaaa........
0B72:0030 1E 2B C0 50 B8 6F 0B 8E-D8 B8 72 0B 8E C0 8D 36   .+.P.o....r....6
0B72:0040 00 00 8D 3E 00 00 FC B9-28 00 F3 A4 B4 02 CD 21   ...>....(......!
0B72:0050 CB 00 00 00 00 00 00 00-00 00 00 00 00 00 00 00   ................
0B72:0060 61 61 61 61 61 61 61 61-61 61 61 61 61 61 61 61   aaaaaaaaaaaaaaaa
```

```
0B72:0070 61 61 61 61 61 61 61 61-61 61 61 61 61 61 61 61   aaaaaaaaaaaaaaaa
-q
```

2. 参照主教材例3-30程序，把以下字符串20073485HuangAn(前面是学号后面是姓名的拼音)存入数据段中并显示出来，然后实现 w←(x−y+59−z)。

3. 参照主教材例3.32程序，实现 w←(x * y+560−z)/v。

4. 符号函数

$$f(x)=\begin{cases}-1, & x<0\\ 0, & x=0\\ 1, & x>0\end{cases}$$

假设 x 为某值且存放在寄存器AL中，试编程将求出的函数值 $f(x)$ 存放在AH中。

三、实验心得

写出在DOS环境下编写、运行程序的过程以及调试中遇到的问题是如何解决的，并对调试过程中的问题进行分析，对运行结果进行分析。

上机实验3　分支程序设计

一、实验目的

1. 熟悉字符的操作，传送指令、比较指令的使用。
2. 熟悉分支程序的设计方法。

二、实验内容

本次实验可用两个学时。

1. 在附加段中有个已经排序的数组，数组中第一个元素存放数组的长度，在AX中有个无符号数，要求在数组中查找(AX)，如果找到，则CF=0，并在SI中存放该元素在数组中的偏移地址。本例使用折半查找的方法。

ex4051源代码如下：

```
data segment
  lw dw ?
  hg dw ?
  mess1 db 'the mumber is in the array',0dh,0ah, '$'
  mess2 db 'the mumber is not in the array',0dh,0ah,'$'
data ends
```

```
extra segment
  arr dw 10,2,4,6,7,8,12,15,23,25,29
extra ends

code segment
main proc far
  assume cs:code, ds: data,es: extra
      start:
       push    ds
       push    ax
       mov     ax,extra
       mov     es,ax
       mov     ax,data
       mov     ds,ax
       mov     ax,7      ;要查找的数据直接放在 AX 寄存器中
       mov     di,offset arr

       cmp     ax,es:[di + 02]
       ja      chk_last
       lea     si,es:[di + 02]
       jz      match
       stc
       jmp     no_match

    chk_last:
        mov    si,es:[di]
        shl    si,1
        add    si,di

        cmp    ax,es:[si]
        jb     search

        jz     match
        stc
        jmp    no_match

    search:
         mov   lw,0001

         mov   bx, es:[di]
         mov   hg,bx
         mov   bx,di
```

```
mid:
        mov     cx,lw
        mov     dx,hg
        cmp     cx,dx
        ja      no_match
        add     cx,dx
        shr     cx,1
        mov     si,cx
        shl     si,1
compare:
        cmp     ax,es:[bx+si]
        jz      exit
        ja      higher
        dec     cx
        mov     hg,cx
        jmp     mid
higher:
        inc cx
        mov lw,cx
        jmp mid
match:
       lea dx,mess1
       jmp exit

no_match:
        stc
        lea dx,mess2
exit:
        lahf
        mov ah,9
        int 21h
        and     ah,01
        ret
main endp
  code ends
    end start
```

调试过程如下。

输入命令 d:\masm5\debug ex4051.exe,按 Enter 键。

(1) 先用 u 命令反汇编整个程序,查看每条指令的物理地址,以便后面查看物理地址。

```
-u
0B76:0000 1E            PUSH    DS
0B76:0001 50            PUSH    AX
0B76:0002 B8740B        MOV     AX,0B74
0B76:0005 8EC0          MOV     ES,AX
0B76:0007 B86F0B        MOV     AX,0B6F
0B76:000A 8ED8          MOV     DS,AX
0B76:000C B80700        MOV     AX,0007
0B76:000F BF0000        MOV     DI,0000
0B76:0012 26            ES:
0B76:0013 3B4502        CMP     AX,[DI+02]
0B76:0016 7709          JA      0021
0B76:0018 8D7502        LEA     SI,[DI+02]
0B76:001B 744F          JZ      006C
0B76:001D F9            STC
0B76:001E EB4C          JMP     006C
-u
0B76:0020 90            NOP
0B76:0021 26            ES:
0B76:0022 8B35          MOV     SI,[DI]
0B76:0024 D1E6          SHL     SI,1
0B76:0026 03F7          ADD     SI,DI
0B76:0028 26            ES:
0B76:0029 3B04          CMP     AX,[SI]
0B76:002B 7206          JB      0033
0B76:002D 743D          JZ      006C
0B76:002F F9            STC
0B76:0030 EB3A          JMP     006C
0B76:0032 90            NOP
0B76:0033 C70600000100  MOV WORD PTR [0000],0001
0B76:0039 26            ES:
0B76:003A 8B1D          MOV     BX,[DI]
0B76:003C 891E0200      MOV     [0002],BX
-u
0B76:0040 8BDF          MOV     BX,DI
0B76:0042 8B0E0000      MOV     CX,[0000]
0B76:0046 8B160200      MOV     DX,[0002]
0B76:004A 3BCA          CMP     CX,DX
0B76:004C 771D          JA      006B
0B76:004E 03CA          ADD     CX,DX
0B76:0050 D1E9          SHR     CX,1
0B76:0052 8BF1          MOV     SI,CX
0B76:0054 D1E6          SHL     SI,1
```

```
0B76:0056 26            ES:
0B76:0057 3B00          CMP     AX,[BX + SI]
0B76:0059 7411          JZ      006C
0B76:005B 7707          JA      0064
0B76:005D 49            DEC     CX
0B76:005E 890E0200      MOV     [0002],CX
```

(2) 查看 AX 寄存器是否正确存放了程序中的数据。

```
- g 000c
AX = 0B6F  BX = 0000  CX = 01F6  DX = 0000  SP = FFFC  BP = 0000  SI = 0000  DI = 0000
DS = 0B6F  ES = 0B74  SS = 0B6F  CS = 0B76  IP = 000C  NV UP EI PL NZ NA PO NC
0B76:000C B80700          MOV     AX,0007
- g 0b76:000c
AX = 0B6F  BX = 0000  CX = 01F6  DX = 0000  SP = FFFC  BP = 0000  SI = 0000  DI = 0000
DS = 0B6F  ES = 0B74  SS = 0B6F  CS = 0B76  IP = 000C  NV UP EI PL NZ NA PO NC
0B76:000C B80700          MOV     AX,0007
- d ds:0000
;查看数据段的内容
0B6F:0000 00 00 00 00 74 68 65 20 - 6D 75 6D 62 65 72 20 69   ....the mumber i
0B6F:0010 73 20 69 6E 20 74 68 65 - 20 61 72 72 61 79 0D 0A   s in the array..
0B6F:0020 24 20 74 68 65 20 6E 75 - 6D 62 65 72 20 69 73 20   $ the number is
0B6F:0030 6E 6F 74 20 69 6E 20 74 - 68 65 20 61 72 72 61 79   not in the array
0B6F:0040 0D 0A 20 24 00 00 00 00 - 00 00 00 00 00 00 00 00   ..$............
0B6F:0050 0A 00 02 00 04 00 06 00 - 07 00 08 00 0C 00 0F 00   ................
0B6F:0060 17 00 19 00 1D 00 00 00 - 00 00 00 00 00 00 00 00   ................
0B6F:0070 1E 50 B8 74 0B 8E C0 B8 - 6F 0B 8E D8 B8 07 00 BF   .P.t....o.......
- d es:0000
;查看附加段的内容
0B74:0000 0A 00 02 00 04 00 06 00 - 07 00 08 00 0C 00 0F 00   ................
0B74:0010 17 00 19 00 1D 00 00 00 - 00 00 00 00 00 00 00 00   ................
0B74:0020 1E 50 B8 74 0B 8E C0 B8 - 6F 0B 8E D8 B8 07 00 BF   .P.t....o.......
0B74:0030 00 00 26 3B 45 02 77 09 - 8D 75 02 74 4F F9 EB 4C   ..&;E.w..u.tO..L
0B74:0040 90 26 8B 35 D1 E6 03 F7 - 26 3B 04 72 06 74 3D F9   .&.5....&;.r.t=.
0B74:0050 EB 3A 90 C7 06 00 00 01 - 00 26 8B 1D 89 1E 02 00   .:.......&......
0B74:0060 8B DF 8B 0E 00 00 8B 16 - 02 00 3B CA 77 1D 03 CA   ..........;.w...
0B74:0070 D1 E9 8B F1 D1 E6 26 3B - 00 74 11 77 07 49 89 0E   ......&;.t.w.I..
- t
;运行后 AX 寄存器的内容发生了变化
AX = 0007  BX = 0000  CX = 01F6  DX = 0000  SP = FFFC  BP = 0000  SI = 0000  DI = 0000
DS = 0B6F  ES = 0B74  SS = 0B6F  CS = 0B76  IP = 000F  NV UP EI PL NZ NA PO NC
0B76:000F BF0000          MOV DI,0000
```

(3) 查看在数组中比较 AX 内容的过程。

```
- g 0016
```

```
;比较后程序的走向
AX = 0007   BX = 0000   CX = 01F6   DX = 0000   SP = FFFC   BP = 0000   SI = 0000   DI = 0000
DS = 0B6F   ES = 0B74   SS = 0B6F   CS = 0B76   IP = 0016   NV UP EI PL NZ NA PE NC
0B76:0016 7709          JA   0021
-t
;用 t 命令查看程序是否执行了 JA 指令. IP = 0021,所以执行了 JA

AX = 0007   BX = 0000   CX = 01F6   DX = 0000   SP = FFFC   BP = 0000   SI = 0000   DI = 0000
DS = 0B6F   ES = 0B74   SS = 0B6F   CS = 0B76   IP = 0021   NV UP EI PL NZ NA PE NC
0B76:0021 26            ES:
0B76:0022 8B35          MOV    SI,[DI]                              ES:0000 = 000A
-t
AX = 0007   BX = 0000   CX = 01F6   DX = 0000   SP = FFFC   BP = 0000   SI = 000A   DI = 0000
DS = 0B6F   ES = 0B74   SS = 0B6F   CS = 0B76   IP = 0024   NV UP EI PL NZ NA PE NC
0B76:0024 D1E6          SHL SI,1
-t
;执行完 SHL SI,1 后 SI 的值的变化,验证 SHL 指令的左移
AX = 0007   BX = 0000   CX = 01F6   DX = 0000   SP = FFFC   BP = 0000   SI = 0014   DI = 0000
DS = 0B6F   ES = 0B74   SS = 0B6F   CS = 0B76   IP = 0026   NV UP EI PL NZ NA PE NC
0B76:0026 03F7          ADD SI,DI
-g 004a
;CX 和 DX 寄存器取得地址之后,比较它们存放的值
AX = 0007   BX = 0000   CX = 0001   DX = 000A   SP = FFFC   BP = 0000   SI = 0014   DI = 0000
DS = 0B6F   ES = 0B74   SS = 0B6F   CS = 0B76   IP = 004A   NV UP EI NG NZ AC PO CY
0B76:004A 3BCA          CMP CX,DX
-d ds:0000
0B6F:0000 01 00 0A 00 74 68 65 20-6D 75 6D 62 65 72 20 69   ....the mumber i
0B6F:0010 73 20 69 6E 20 74 68 65-20 61 72 72 61 79 0D 0A   s in the array..
0B6F:0020 24 20 74 68 65 20 6E 75-6D 62 65 72 20 69 73 20   $ the number is
0B6F:0030 6E 6F 74 20 69 6E 20 74-68 65 20 61 72 72 61 79   not in the array
0B6F:0040 0D 0A 20 24 00 00 00 00-00 00 00 00 00 00 00 00   ..$............
0B6F:0050 0A 00 02 00 04 00 06 00-07 00 08 00 0C 00 0F 00   ................
0B6F:0060 17 00 19 00 1D 00 00 00-00 00 00 00 00 00 00 00   ................
0B6F:0070 1E 50 B8 74 0B 8E C0 B8-6F 0B 8E D8 B8 07 00 BF   .P.t....o.......
-d es:0000

0B74:0000 0A 00 02 00 04 00 06 00-07 00 08 00 0C 00 0F 00   ................
0B74:0010 17 00 19 00 1D 00 00 00-00 00 00 00 00 00 00 00   ................
0B74:0020 1E 50 B8 74 0B 8E C0 B8-6F 0B 8E D8 B8 07 00 BF   .P.t....o.......
0B74:0030 00 00 26 3B 45 02 77 09-8D 75 02 74 4F F9 EB 4C   ..&;E.w..u.tO..L
0B74:0040 90 26 8B 35 D1 E6 03 F7-26 3B 04 72 06 74 3D F9   .&.5....&;.r.t=.
0B74:0050 EB 3A 90 C7 06 00 00 01-00 26 8B 1D 89 1E 02 00   .:.......&......
0B74:0060 8B DF 8B 0E 00 00 8B 16-02 00 3B CA 77 1D 03 CA   ..........;.w...
```

```
0B74:0070 D1 E9 8B F1 D1 E6 26 3B-00 74 11 77 07 49 89 0E   ......&;.t.w.I..
-t
AX=0007  BX=0000  CX=0001  DX=000A  SP=FFFC  BP=0000  SI=0014  DI=0000
DS=0B6F  ES=0B74  SS=0B6F  CS=0B76  IP=004C  NV UP EI NG NZ AC PO CY
0B76:004C 771D          JA 006B

-g 0057
;在数组中是否找到该元素
AX=0007  BX=0000  CX=0005  DX=000A  SP=FFFC  BP=0000  SI=000A  DI=0000
DS=0B6F  ES=0B74  SS=0B6F  CS=0B76  IP=0057  NV UP EI PL NZ NA PE NC
0B76:0057 3B00          CMP AX,[BX+SI]                 DS:000A=626D

-t
AX=0007  BX=0000  CX=0005  DX=000A  SP=FFFC  BP=0000  SI=000A  DI=0000
DS=0B6F  ES=0B74  SS=0B6F  CS=0B76  IP=0059  NV UP EI NG NZ AC PE CY
0B76:0059 7411          JZ 006C
```

(4) 判断是否找到,可以查看 flags 标志位的 cf 值,用 LAHF 指令把 flags 标志位放入 AH 寄存器,只取出 CF 位即可。

```
-g 006c
AX=0007  BX=0000  CX=0004  DX=0004  SP=FFFC  BP=0000  SI=0008  DI=0000
DS=0B6F  ES=0B74  SS=0B6F  CS=0B76  IP=006C  NV UP EI PL ZR NA PE NC
0B76:006C 9F            LAHF
-t
AX=4607  BX=0000  CX=0004  DX=0004  SP=FFFC  BP=0000  SI=0008  DI=0000
DS=0B6F  ES=0B74  SS=0B6F  CS=0B76  IP=006D  NV UP EI PL ZR NA PE NC
0B76:006D 80E401        AND AH,01        ;取出 CF 位
-t
AX=0007  BX=0000  CX=0004  DX=0004  SP=FFFC  BP=0000  SI=0008  DI=0000
DS=0B6F  ES=0B74  SS=0B6F  CS=0B76  IP=0070  NV UP EI PL ZR NA PE NC
0B76:0070 80FC01        CMP AH,01
-d ds:0000

0B6F:0000 04 00 04 00 74 68 65 20-6D 75 6D 62 65 72 20 69   ....the mumber i
0B6F:0010 73 20 69 6E 20 74 68 65-20 61 72 72 61 79 0D 0A   s in the array..
0B6F:0020 24 20 74 68 65 20 6E 75-6D 62 65 72 20 69 73 20   $ the number is
0B6F:0030 6E 6F 74 20 69 6E 20 74-68 65 20 61 72 72 61 79   not in the array
0B6F:0040 0D 0A 20 24 00 00 00 00-00 00 00 00 00 00 00 00   ..$............
0B6F:0050 0A 00 02 00 04 00 06 00-07 00 08 00 0C 00 0F 00   ................
0B6F:0060 17 00 19 00 1D 00 00 00-00 00 00 00 00 00 00 00   ................
0B6F:0070 1E 50 B8 74 0B 8E C0 B8-6F 0B 8E D8 B8 07 00 BF   .P.t....o.......
-d es:0000
```

```
0B74:0000 0A 00 02 00 04 00 06 00-07 00 08 00 0C 00 0F 00   ................
0B74:0010 17 00 19 00 1D 00 00 00-00 00 00 00 00 00 00 00   ................
0B74:0020 1E 50 B8 74 0B 8E C0 B8-6F 0B 8E D8 B8 07 00 BF   .P.t....o.......
0B74:0030 00 00 26 3B 45 02 77 09-8D 75 02 74 4F F9 EB 4C   ..&;E.w..u.tO..L
0B74:0040 90 26 8B 35 D1 E6 03 F7-26 3B 04 72 06 74 3D F9   .&.5....&;.r.t=.
0B74:0050 EB 3A 90 C7 06 00 00 01-00 26 8B 1D 89 1E 02 00   .:.......&......
0B74:0060 8B DF 8B 0E 00 00 8B 16-02 00 3B CA 77 1D 03 CA   ..........;.w...
0B74:0070 D1 E9 8B F1 D1 E6 26 3B-00 74 11 77 07 49 89 0E   ......&;.t.w.I..
```

(5) 最后运行结果。

```
-g 0081
 the number is in the array

AX=0924  BX=0000  CX=0004  DX=0021  SP=FFFC  BP=0000  SI=0008  DI=0000
DS=0B6F  ES=0B74  SS=0B6F  CS=0B76  IP=0081  NV UP EI NG NZ AC PE CY
0B76:0081 B401          MOV AH,01
-q
```

2. 把以下字符串'12345678yourname'(前面是学号后面是姓名的拼音)从源缓冲区传递到目的缓冲区。

3. 在内存DEST开始的6个单元寻找字符'C',如找到将字符'C'的地址送ADDR单元,否则0送ADDR单元。

4. 统计输入的字符串中的字母、数字和其他字符的个数,并把结果以十六进制显示出来。

5. 从键盘输入0～9中的数字,输出字母表中对应顺序的字母。

6. 在已排序的数组中查找某一个数据。假设数组存放在附加段中,数组的第一个单元存放数组的长度。在AX寄存器中存放要查找的数据,如果在数组中找到该数,则使CF=0,并把其偏移地址存入SI寄存器中;如未找到,则使CF=1。

三、实验心得

写出在DOS环境下编写、运行程序的过程以及调试中遇到的问题是如何解决的,并对调试过程中的问题进行分析,对运行结果进行分析。

上机实验4　循环程序设计

本实验可以分为两次上机操作。

一、实验目的

1. 熟悉循环实现的条件、循环体的书写和循环变量的变化。

2. 掌握 JMP 和 LOOP 实现循环的两种方法的使用。

二、实验内容

1. 把 BX 寄存器中的二进制数据转换为十六进制,把结果显示在显示器上。

本例为调试方便,把要转换的二进制数定义在数据段中,在程序中把数据段中定义的数据取出到 BX 寄存器内。

ex3451.asm 源程序如下:

```
data segment
  x dw 2911            ;2911d = 0b5fh
data ends
code segment
main proc far
   assume cs:code, ds: data
startup:
        push ds
        sub ax, ax
        push ax

        mov ax,data
        mov ds, ax
        lea di,x
        mov bx, [di]

        mov ch, 4
again: mov cl, 4
       rol bx, cl
       mov al,bl
       and al, 0fh
       add al, 30h
       cmp al, 3ah
       jb next
       add al,07h

    next: mov dl, al
        mov ah,2
        int 21h
        dec ch
        jnz again

        mov ax,4c00h
        int 21h
```

```
main endp
    code ends
        end startup
```

运行调试过程如下。

(1) 编译:输入命令 d:\masm5\masm ex3451.asm,按 Enter 键。

```
Invalid keyboard code specified
Microsoft (R) Macro Assembler Version 5.00
Copyright (C) Microsoft Corp 1981 - 1985, 1987. All rights reserved.

Source listing [NUL.LST]: Cross - reference [NUL.CRF]:
  50680 + 450248 Bytes symbol space free

      0 Warning Errors
      0 Severe Errors
```

(2) 连接: 输入命令 d:\masm5\link ex3451.obj,按 Enter 键。

```
Microsoft (R) Overlay Linker Version 3.60
Copyright (C) Microsoft Corp 1983 - 1987. All rights reserved.

Run File [ex345.EXE]:
List File [NUL.MAP]:
  Libraries [.LIB]:
  LINK : warning L4021: no stack segment
```

(3) 调试: 输入命令 d:\masm5\debug ex3451.exe,按 Enter 键。

```
-u
0B6F:0000 C9            DB     C9
0B6F:0001 4A            DEC    DX
0B6F:0002 0000          ADD    [BX+SI],AL
0B6F:0004 0000          ADD    [BX+SI],AL
0B6F:0006 0000          ADD    [BX+SI],AL
0B6F:0008 0000          ADD    [BX+SI],AL
0B6F:000A 0000          ADD    [BX+SI],AL
0B6F:000C 0000          ADD    [BX+SI],AL
0B6F:000E 0000          ADD    [BX+SI],AL
0B6F:0010 1E            PUSH   DS
0B6F:0011 2BC0          SUB    AX,AX
0B6F:0013 50            PUSH   AX
0B6F:0014 B86F0B        MOV    AX,0B6F
0B6F:0017 8ED8          MOV    DS,AX
0B6F:0019 8D3E0000      LEA    DI,[0000]
```

```
0B6F:001D 8B1D          MOV   BX,[DI]
0B6F:001F B504          MOV   CH,04
;发现反汇编的结果有些代码不是本程序的,找到本程序代码的起始地址,重新反汇编
-u 0b6f:0010
;g命令后的地址值表示从该地址开始汇编源程序
0B6F:0010 1E            PUSH  DS
0B6F:0011 2BC0          SUB   AX,AX
0B6F:0013 50            PUSH  AX
0B6F:0014 B86F0B        MOV   AX,0B6F
0B6F:0017 8ED8          MOV   DS,AX
0B6F:0019 8D3E0000      LEA   DI,[0000]
0B6F:001D 8B1D          MOV   BX,[DI]
0B6F:001F B504          MOV   CH,04
0B6F:0021 B104          MOV   CL,04
0B6F:0023 D3C3          ROL   BX,CL
0B6F:0025 8AC3          MOV   AL,BL
0B6F:0027 240F          AND   AL,0F
0B6F:0029 0430          ADD   AL,30
0B6F:002B 3C3A          CMP   AL,3A
0B6F:002D 7C02          JL    0031
0B6F:002F 0407          ADD   AL,07
-u
0B6F:0031 8AD0          MOV   DL,AL
0B6F:0033 B402          MOV   AH,02
0B6F:0035 CD21          INT   21
0B6F:0037 FECD          DEC   CH
0B6F:0039 75E6          JNZ   0021
0B6F:003B B401          MOV   AH,01
0B6F:003D CD21          INT   21
0B6F:003F B8004C        MOV   AX,4C00
0B6F:0042 CD21          INT   21
```

① 查看BX寄存器是否正确地取得相应的值。

```
-g 0b6f:001d
AX=0B6F  BX=0000  CX=0094  DX=FFFF  SP=FFFE  BP=4AC9  SI=0000  DI=0000
DS=0B6F  ES=0B5F  SS=0B6F  CS=0B6F  IP=001D  NV UP EI PL ZR NA PE NC
0B6F:001D 8B1D          MOV BX,[DI]  DS:0000=0B5F
-g 0023
AX=0B6F  BX=0B5F  CX=0404  DX=FFFF  SP=FFFE  BP=4AC9  SI=0000  DI=0000
DS=0B6F  ES=0B5F  SS=0B6F  CS=0B6F  IP=0023  NV UP EI PL ZR NA PE NC
0B6F:0023 D3C3          ROL BX,CL
-t
```

② 验证 BX 寄存器内的值的最高位是否移到了最低位。

```
AX=0B6F  BX=B5F0  CX=0404  DX=FFFF  SP=FFFE  BP=4AC9  SI=0000  DI=0000
DS=0B6F  ES=0B5F  SS=0B6F  CS=0B6F  IP=0025  OV UP EI PL ZR NA PE NC
0B6F:0025 8AC3          MOV AL,BL
-t
AX=0BF0  BX=B5F0  CX=0404  DX=FFFF  SP=FFFE  BP=4AC9  SI=0000  DI=0000
DS=0B6F  ES=0B5F  SS=0B6F  CS=0B6F  IP=0027  OV UP EI PL ZR NA PE NC
0B6F:0027 240F          AND AL,0F
-t
;验证 AND AL,0F 的作用
AX=0B00  BX=B5F0  CX=0404  DX=FFFF  SP=FFFE  BP=4AC9  SI=0000  DI=0000
DS=0B6F  ES=0B5F  SS=0B6F  CS=0B6F  IP=0029  NV UP EI PL ZR NA PE NC
0B6F:0029 0430          ADD AL,30
-t
;由数字转化为字符,为输出做准备
AX=0B30  BX=B5F0  CX=0404  DX=FFFF  SP=FFFE  BP=4AC9  SI=0000  DI=0000
DS=0B6F  ES=0B5F  SS=0B6F  CS=0B6F  IP=002B  NV UP EI PL NZ NA PE NC
0B6F:002B 3C3A          CMP AL,3A
```

③ 在调试时,有关 21 号中断的处理。

```
-g 0033
AX=0B30  BX=B5F0  CX=0404  DX=FF30  SP=FFFE  BP=4AC9  SI=0000  DI=0000
DS=0B6F  ES=0B5F  SS=0B6F  CS=0B6F  IP=0033  NV UP EI NG NZ AC PE CY
0B6F:0033 B402          MOV AH,02
-t
AX=0230  BX=B5F0  CX=0404  DX=FF30  SP=FFFE  BP=4AC9  SI=0000  DI=0000
DS=0B6F  ES=0B5F  SS=0B6F  CS=0B6F  IP=0035  NV UP EI NG NZ AC PE CY
0B6F:0035 CD21          INT 21
-t
AX=0230  BX=B5F0  CX=0404  DX=FF30  SP=FFF8  BP=4AC9  SI=0000  DI=0000
DS=0B6F  ES=0B5F  SS=0B6F  CS=00A7  IP=107C  NV UP DI NG NZ AC PE CY
00A7:107C 90            NOP
-g 0037
0B5F
Program terminated normally
;上述几条指令执行完毕,发现数据并没有正确输出,并且整个调试过程非法中断.对这种输
;入/输出的调试方法是:用 g 命令让程序直接执行到 INT 21 语句的下一条语句.操作如下
-g 0033
AX=0B30  BX=B5F0  CX=0404  DX=FF30  SP=FFFE  BP=4AC9  SI=0000  DI=0000
DS=0B6F  ES=0B5F  SS=0B6F  CS=0B6F  IP=0033  NV UP EI NG NZ AC PE CY
0B6F:0033 B402          MOV AH,02
-g  0039
```

```
0  ;将第一个字符正确输出
AX = 0201  BX = B5F0  CX = 0304  DX = FF30  SP = FFFE  BP = 4AC9  SI = 0000  DI = 0000
DS = 0B6F  ES = 0B5F  SS = 0B6F  CS = 0B6F  IP = 0039  NV UP EI PL NZ NA PE CY
0B6F:0039 75E6          JNZ 0021
;判断条件是否跳转到下一次的输出处理程序处,CF 位的值为 CY,所以跳转
-t
AX = 0201  BX = B5F0  CX = 0304  DX = FF30  SP = FFFE  BP = 4AC9  SI = 0000  DI = 0000
DS = 0B6F  ES = 0B5F  SS = 0B6F  CS = 0B6F  IP = 0021  NV UP EI PL NZ NA PE CY
0B6F:0021 B104          MOV CL,04
-t
AX = 0201  BX = B5F0  CX = 0304  DX = FF30  SP = FFFE  BP = 4AC9  SI = 0000  DI = 0000
DS = 0B6F  ES = 0B5F  SS = 0B6F  CS = 0B6F  IP = 0023  NV UP EI PL NZ NA PE CY
0B6F:0023 D3C3          ROL BX,CL
```

④ 直接执行到所有的字符都输出的地方。

```
-g 003b
B5F     ;输出其余 3 个字符
AX = 0201  BX = 0B5F  CX = 0004  DX = FF46  SP = FFFE  BP = 4AC9  SI = 0000  DI = 0000
DS = 0B6F  ES = 0B5F  SS = 0B6F  CS = 0B6F  IP = 003B  NV UP EI PL ZR NA PE NC
0B6F:003B B401          MOV AH,01
-g 003f
;直接执行到输入语句下一条语句,保证调试正确进行
e
AX = 0165  BX = 0B5F  CX = 0004  DX = FF46  SP = FFFE  BP = 4AC9  SI = 0000  DI = 0000
DS = 0B6F  ES = 0B5F  SS = 0B6F  CS = 0B6F  IP = 003F  NV UP EI PL ZR NA PE NC
0B6F:003F B8004C        MOV AX,4C00
-q
```

⑤ 用 e 命令直接修改数据段内的值,查看 BX 寄存器取得何值。

```
-g 001d
AX = 0B6F  BX = 0000  CX = 0094  DX = FFFF  SP = FFFE  BP = 4AC9  SI = 0000  DI = 0000
DS = 0B6F  ES = 0B5F  SS = 0B6F  CS = 0B6F  IP = 001D  NV UP EI PL ZR NA PE NC
0B6F:001D 8B1D          MOV BX,[DI] DS:0000 = 0B5F
;原始数据段内的数据
-e ds:0000
;用 e 命令直接修改数据段内的值
0B6F:0000  5F.9  0B.f
;通过键盘输入修改的值
-g 001d
AX = 0B6F  BX = 0000  CX = 0094  DX = FFFF  SP = FFFE  BP = 4AC9  SI = 0000  DI = 0000
DS = 0B6F  ES = 0B5F  SS = 0B6F  CS = 0B6F  IP = 001D  NV UP EI PL ZR NA PE NC
0B6F:001D 8B1D          MOV BX,[DI]                               DS:0000 = 0F09
;数据段内的数据修改为刚才输入的值
```

```
-t
AX=0B6F  BX=0F09  CX=0094  DX=FFFF  SP=FFFE  BP=4AC9  SI=0000  DI=0000
DS=0B6F  ES=0B5F  SS=0B6F  CS=0B6F  IP=001F  NV UP EI PL ZR NA PE NC
0B6F:001F B504          MOV CH,04
-d ds:0000
0B6F:0000 09 0F 00 00 00 00 00 00-00 00 00 00 00 00 00 00   ................
0B6F:0010 1E 2B C0 50 B8 6F 0B 8E-D8 8D 3E 00 00 8B 1D B5   .+.P.o....>.....
0B6F:0020 04 B1 04 D3 C3 8A C3 24-0F 04 30 3C 3A 7C 02 04   .......$..0<:|..
0B6F:0030 07 8A D0 B4 02 CD 21 FE-CD 75 E6 B4 01 CD 21 B8   ......!..u....!.
0B6F:0040 00 4C CD 21 00 00 00 00-00 00 00 00 00 00 00 00   .L.!............
0B6F:0050 C9 4A 00 00 00 00 00 00-00 00 00 00 00 00 00 00   .J..............
0B6F:0060 1E 2B C0 50 B8 74 0B 8E-D8 8D 3E 00 00 8B 1D B5   .+.P.t....>.....
0B6F:0070 04 B1 04 D3 C3 8A C3 24-0F 04 30 3C 3A 7C 02 04   .......$..0<:|..
-g 003b
0F09     ;输出变化了的值
AX=0201  BX=0F09  CX=0004  DX=FF39  SP=FFFE  BP=4AC9  SI=0000  DI=0000
DS=0B6F  ES=0B5F  SS=0B6F  CS=0B6F  IP=003B  NV UP EI PL ZR NA PE CY
0B6F:003B B401          MOV AH,01
```

⑥ 用 r 命令直接修改 BX 寄存器的值。

```
-g 01d
AX=0B6F  BX=0000  CX=0094  DX=FFFF  SP=FFFE  BP=4AC9  SI=0000  DI=0000
DS=0B6F  ES=0B5F  SS=0B6F  CS=0B6F  IP=001D  NV UP EI PL ZR NA PE NC
0B6F:001D 8B1D          MOV BX,[DI]                          DS:0000=0B5F
-t
;数据段内的数据已经移到 BX 寄存器
AX=0B6F  BX=0B5F  CX=0094  DX=FFFF  SP=FFFE  BP=4AC9  SI=0000  DI=0000
DS=0B6F  ES=0B5F  SS=0B6F  CS=0B6F  IP=001F  NV UP EI PL ZR NA PE NC
0B6F:001F B504          MOV CH,04
-r bx
;用 r 命令直接修改 BX 寄存器的值,验证是否输出变化了的值
BX 0B5F
:52a4
;输入新值,为十六进制数
-r
AX=0B6F  BX=52A4  CX=0094  DX=FFFF  SP=FFFE  BP=4AC9  SI=0000  DI=0000
DS=0B6F  ES=0B5F  SS=0B6F  CS=0B6F  IP=001F  NV UP EI PL ZR NA PE NC
0B6F:001F B504          MOV CH,04
-g 003b
52A4     ;输出变化了的值
AX=0201  BX=52A4  CX=0004  DX=FF34  SP=FFFE  BP=4AC9  SI=0000  DI=0000
```

```
DS = 0B6F   ES = 0B5F   SS = 0B6F   CS = 0B6F   IP = 003B   NV UP EI PL ZR NA PE CY
0B6F:003B B401            MOV AH,01
-q
```

至此调试完毕。

2. 用冒泡法编程实现对数据段中的数组按照从大到小的顺序排序。

3. 数据区中存有一个字符串,从键盘输入一个字符,找出该字符在字符串中左边和右边的字符,并输出这些字符。

4. 判断某一个数据是否为素数,并输出是否是素数的信息。

5. 用逻辑尺求Z数组的值。例如,X数组的元素为X1,X2,…,X10,Y数组的元素为Y1,Y2,…,Y10,计算

Z1=X1+Y1　Z2=X2+Y2　Z3=X3−Y3　Z4=X4−Y4　Z5=X5−Y5

Z6=X6+Y6　Z7=X7−Y7　Z8=X8−Y8　Z9=X9+Y9　Z10=X10+Y10

并把Z数组的元素值存入存储单元中。

三、实验心得

写出在debug状态下编写、运行程序的过程以及调试中遇到的问题是如何解决的,并对调试过程中的问题进行分析,对运行结果进行分析。

上机实验5　子程序设计

本实验可以分为两次上机操作。

一、实验目的

1. 熟悉子程序调用中的参数传递的方法。
2. 增强对各种常用指令的用法的了解。

二、实验内容

1. 从键盘输入一个十进制数,然后把该数字以十六进制的形式在屏幕上显示出来。

63.asm源程序如下:

```
;63.asm
decihex segment
        assume cs:decihex
main proc far
repeat: call decibin
```

```
        call crlf
        call binihex
        call crlf
        cmp bx,0
        jnz repeat
        mov ax,4c00h
        int 21h
main endp

decibin proc near
        mov bx,0
newchar:
        mov ah,1
        int 21h
        sub al,30h
        jl exit
        cmp al,9d
        jg exit
        cbw

        xchg ax,bx
        mov cx,10d
        mul cx
        xchg ax,bx
        add bx,ax
        jmp newchar
exit:
        ret
decibin endp

binihex proc near
        mov ch,4
rotate:
        mov cl,4
        rol bx,cl
        mov al,bl
        and al,0fh
        add al,30h
        cmp al,3ah
        jl printit
        add al,7h
printit:
```

```
        mov dl,al
        mov ah,2
        int 21h
        dec ch
        jnz rotate
        ret
binihex endp

crlf proc near
        mov dl,0dh
        mov ah,2
        int 21h
        mov dl,0ah
        mov ah,2
        int 21h
        ret
crlf endp

decihex ends
        end main
```

运行调试过程如下。

(1) 编译：输入命令 d:\masm5\masm 63.asm，按 Enter 键。

```
Microsoft (R) Macro Assembler Version 5.00
Copyright (C) Microsoft Corp 1981 - 1985, 1987. All rights reserved.
Object filename [63.OBJ]: Source listing [NUL.LST]: Cross - reference [NUL.CRF]:
  50844 + 415700 Bytes symbol space free
      0 Warning Errors
      0 Severe Errors
```

(2) 连接：输入命令 d:\masm5\link 63.obj，按 Enter 键。

```
Microsoft (R) Overlay Linker Version 3.60
Copyright (C) Microsoft Corp 1983 - 1987. All rights reserved.
Run File [63.EXE]: List File [NUL.MAP]: Libraries [.LIB]: LINK : warning L4021: no stack
segment
```

(3) 调试：输入命令 d:\masm5\debug 63.exe，按 Enter 键。

先用 u 命令反汇编整个程序，查看每条指令的物理地址，以便后面查看物理地址。

```
-u
1427:0000 E81300          CALL     0016
1427:0003 E84900          CALL     004F
```

```
1427:0006 E82900        CALL    0032
1427:0009 E84300        CALL    004F
1427:000C 83FB00        CMP     BX, + 00
1427:000F 75EF          JNZ     0000
1427:0011 B8004C        MOV     AX,4C00
1427:0014 CD21          INT     21
1427:0016 BB0000        MOV     BX,0000
1427:0019 B401          MOV     AH,01
1427:001B CD21          INT     21
1427:001D 2C30          SUB     AL,30
1427:001F 7C10          JL      0031
-u

1427:0021 3C09          CMP     AL,09
1427:0023 7F0C          JG      0031
1427:0025 98            CBW
1427:0026 93            XCHG    BX,AX
1427:0027 B90A00        MOV     CX,000A
1427:002A F7E1          MUL     CX
1427:002C 93            XCHG    BX,AX
1427:002D 03D8          ADD     BX,AX
1427:002F EBE8          JMP     0019
1427:0031 C3            RET
1427:0032 B504          MOV     CH,04
1427:0034 B104          MOV     CL,04
1427:0036 D3C3          ROL     BX,CL
1427:0038 8AC3          MOV     AL,BL
1427:003A 240F          AND     AL,0F
1427:003C 0430          ADD     AL,30
1427:003E 3C3A          CMP     AL,3A
1427:0040 7C02          JL      0044
-g 1d
;直接运行到输入语句的下一条语句,这时系统停止在等待输入字符的界面,输入 3
3
AX = 0133  BX = 0000  CX = 005C  DX = 0000  SP = FFFE  BP = 0000  SI = 0000  DI = 0000
DS = 1417  ES = 1417  SS = 1427  CS = 1427  IP = 001D  NV UP EI PL NZ NA PO NC
1427:001D 2C30        SUB AL,30
; 输入的是字符'3',系统把它转化为字符对应的 ASCII 值,存入 AL 寄存器中
-t
;把字符'3'转换为整数 3,需要减去 30H
AX = 0103  BX = 0000  CX = 005C  DX = 0000  SP = FFFE  BP = 0000  SI = 0000  DI = 0000
DS = 1417  ES = 1417  SS = 1427  CS = 1427  IP = 001F  NV UP EI PL NZ NA PE NC
1427:001F 7C10        JL 0031
```

```
-t
AX=0103  BX=0000  CX=005C  DX=0000  SP=FFFE  BP=0000  SI=0000  DI=0000
DS=1417  ES=1417  SS=1427  CS=1427  IP=0021  NV UP EI PL NZ NA PE NC
1427:0021 3C09          CMP AL,09
-t
AX=0103  BX=0000  CX=005C  DX=0000  SP=FFFE  BP=0000  SI=0000  DI=0000
DS=1417  ES=1417  SS=1427  CS=1427  IP=0023  NV UP EI NG NZ AC PE CY
1427:0023 7F0C          JG    0031      ;如果是非数字字符,就退出输入

-t  ;上一步输入的是3,所以先把这个数字3向左移动一位,为下一个数字做准备
AX=0103  BX=0000  CX=005C  DX=0000  SP=FFFE  BP=0000  SI=0000  DI=0000
DS=1417  ES=1417  SS=1427  CS=1427  IP=0025  NV UP EI NG NZ AC PE CY
1427:0025 98            CBW
-t
AX=0003  BX=0000  CX=005C  DX=0000  SP=FFFE  BP=0000  SI=0000  DI=0000
DS=1417  ES=1417  SS=1427  CS=1427  IP=0026  NV UP EI NG NZ AC PE CY
1427:0026 93            XCHG BX,AX
-t
AX=0000  BX=0003  CX=005C  DX=0000  SP=FFFE  BP=0000  SI=0000  DI=0000
DS=1417  ES=1417  SS=1427  CS=1427  IP=0027  NV UP EI NG NZ AC PE CY
1427:0027 B90A00        MOV CX,000A
-t
AX=0000  BX=0003  CX=000A  DX=0000  SP=FFFE  BP=0000  SI=0000  DI=0000
DS=1417  ES=1417  SS=1427  CS=1427  IP=002A  NV UP EI NG NZ AC PE CY
1427:002A F7E1          MUL CX                ;(ax) * (cx ) -->(ax)
-t
AX=0000  BX=0003  CX=000A  DX=0000  SP=FFFE  BP=0000  SI=0000  DI=0000
DS=1417  ES=1417  SS=1427  CS=1427  IP=002C  NV UP EI NG NZ AC PE NC
1427:002C 93            XCHG BX,AX
-t
AX=0003  BX=0000  CX=000A  DX=0000  SP=FFFE  BP=0000  SI=0000  DI=0000
DS=1417  ES=1417  SS=1427  CS=1427  IP=002D  NV UP EI NG NZ AC PE NC
1427:002D 03D8          ADD BX,AX
-t ;把高位数字存入BX,新输入的数字存入AX中
AX=0003  BX=0003  CX=000A  DX=0000  SP=FFFE  BP=0000  SI=0000  DI=0000
DS=1417  ES=1417  SS=1427  CS=1427  IP=002F  NV UP EI PL NZ NA PE NC
1427:002F EBE8          JMP 0019
-t

AX=0003  BX=0003  CX=000A  DX=0000  SP=FFFE  BP=0000  SI=0000  DI=0000
DS=1417  ES=1417  SS=1427  CS=1427  IP=0019  NV UP EI PL NZ NA PE NC
1427:0019 B401          MOV AH,01       ;下一个数字的输入
-g 1d
```

```
6  ;输入的第二个数字是字符'6'
AX = 0136  BX = 0003  CX = 000A  DX = 0000  SP = FFFE  BP = 0000  SI = 0000  DI = 0000
DS = 1417  ES = 1417  SS = 1427  CS = 1427  IP = 001D  NV UP EI PL NZ NA PE NC
1427:001D 2C30          SUB AL,30
-g 2f
;把字符'6'转换为数字 6,同时与上一步的高位数字组成 36D,并把已经转换为十六进制的数存
;放在 BX 中
AX = 0006  BX = 0024  CX = 000A  DX = 0000  SP = FFFE  BP = 0000  SI = 0000  DI = 0000
DS = 1417  ES = 1417  SS = 1427  CS = 1427  IP = 002F  NV UP EI PL NZ AC PE NC
1427:002F EBE8          JMP 0019
-g 36                   ;查看输出的过程

AX = 0201  BX = 0024  CX = 0404  DX = 000A  SP = FFFE  BP = 0000  SI = 0000  DI = 0000
DS = 1417  ES = 1417  SS = 1427  CS = 1427  IP = 0036   NV UP EI NG NZ NA PE CY
1427:0036 D3C3          ROL    BX,CL    ;BX 中存放着上一步输入的数字
-t ;输出时是从左到右输出的,所以要先把高位的数字输出.本例通过循环左移,把 BX 中最
;高位的数字移动到 BX 的最低 8 位
AX = 0201  BX = 0240  CX = 0404  DX = 000A  SP = FFFE  BP = 0000  SI = 0000  DI = 0000
DS = 1417  ES = 1417  SS = 1427  CS = 1427  IP = 0038  NV UP EI NG NZ NA PE NC
1427:0038 8AC3          MOV AL,BL       ;为了不改变原始的 BX 中的数据,把要输出的数
                                        ;字移入 AL 中
-t
AX = 0240  BX = 0240  CX = 0404  DX = 000A  SP = FFFE  BP = 0000  SI = 0000  DI = 0000
DS = 1417  ES = 1417  SS = 1427  CS = 1427  IP = 003A  NV UP EI NG NZ NA PE NC
1427:003A 240F          AND AL,0F       ;屏蔽到高 8 位
-t

AX = 0200  BX = 0240  CX = 0404  DX = 000A  SP = FFFE  BP = 0000  SI = 0000  DI = 0000
DS = 1417  ES = 1417  SS = 1427  CS = 1427  IP = 003C  NV UP EI PL ZR NA PE NC
1427:003C 0430          ADD AL,30
-t          ;转换为字符
AX = 0230  BX = 0240  CX = 0404  DX = 000A  SP = FFFE  BP = 0000  SI = 0000  DI = 0000
DS = 1417  ES = 1417  SS = 1427  CS = 1427  IP = 003E  NV UP EI PL NZ NA PE NC
1427:003E 3C3A          CMP AL,3A
-t
AX = 0230  BX = 0240  CX = 0404  DX = 000A  SP = FFFE  BP = 0000  SI = 0000  DI = 0000
DS = 1417  ES = 1417  SS = 1427  CS = 1427  IP = 0040  NV UP EI NG NZ AC PE CY
1427:0040 7C02          JL 0044
-t
AX = 0230  BX = 0240  CX = 0404  DX = 000A  SP = FFFE  BP = 0000  SI = 0000  DI = 0000
DS = 1417  ES = 1417  SS = 1427  CS = 1427  IP = 0044  NV UP EI NG NZ AC PE CY
1427:0044 8AD0          MOV    DL,AL         ;把要输出的字符存入 DL
```

```
-u 36       ;找不到代码段的地址了,用u命令重新汇编找出地址值
1427:0036 D3C3          ROL     BX,CL
1427:0038 8AC3          MOV     AL,BL
1427:003A 240F          AND     AL,0F
1427:003C 0430          ADD     AL,30
1427:003E 3C3A          CMP     AL,3A
1427:0040 7C02          JL      0044
1427:0042 0407          ADD     AL,07
1427:0044 8AD0          MOV     DL,AL
1427:0046 B402          MOV     AH,02
1427:0048 CD21          INT     21
1427:004A FECD          DEC     CH
1427:004C 75E6          JNZ     0034
1427:004E C3            RET
1427:004F B20D          MOV     DL,0D
1427:0051 B402          MOV     AH,02
1427:0053 CD21          INT     21
1427:0055 B20A          MOV     DL,0A
-g 4c       ;输出最高位的数字0
0
AX=0201  BX=0240  CX=0304  DX=0030  SP=FFFE  BP=0000  SI=0000  DI=0000
DS=1417  ES=1417  SS=1427  CS=1427  IP=004C  NV UP EI PL NZ NA PE CY
1427:004C 75E6          JNZ 0034
-g c        ;直接运行到主程序,输出剩余的数字
024
AX=0201  BX=0024  CX=0004  DX=000A  SP=0000  BP=0000  SI=0000  DI=0000
DS=1417  ES=1417  SS=1427  CS=1427  IP=000C  NV UP EI PL ZR NA PE CY
1427:000C 83FB00        CMP BX,+00
-q
```

至此,调试完毕。

2. 累加数组中所有元素的值,用堆栈传递参数。

3. 统计学生成绩。在数据段中存放着若干学生的成绩,编写一个子程序,统计低于60分、60～69分、70～79分、80～89分、90～99分和100分的人数并把结果保存在存储单元中。用地址表传送参数。

4. 数组段的存储单元中存放着两个数m、n,求出它们的最大公约数和最小公倍数,也存放在数据段的存储单元中。用子程序实现。

5. 以grade为首地址的10个字数组中保存了学生的成绩,其中,grade+i保存学号为i+1的学生成绩,要求建立一个10个字的rank数组,并根据grade中的学生成绩将学生名次填入rank数组中,其中,rank+i的内容是学号为i+1的学生的名次

(提示：一个学生的名次等于成绩高于该学生的人数加1)，再按学号顺序把名次显示出来。

三、实验心得

写出在debug状态下编写、运行程序的过程以及调试中遇到的问题是如何解决的，并对调试过程中的问题进行分析，对运行结果进行分析。

上机实验6 高级子程序与宏的设计

一、实验目的

1. 掌握子程序的设计和各种参数调用方法。
2. 熟悉宏汇编指令的使用。

二、实验内容

1. 在数据区中，有10个不同的信息，编号分别为0～9，每个信息包括30个字符，编写一个程序，从键盘接收0～9之间的一个编号，在屏幕上显示出相应编号的信息。本实验中信息的长度是固定的，可以把信息定义成一个字符串，用$结束，然后调用21号中断的9号功能输出字符串。

ex610.asm源代码如下：

```
datarea segment
thirty    db    30
msg0      db    'I like my IBM - PC              ',0dh,0ah
msg1      db    '8088 programming is fun         ',13,10
msg2      db    'Time to buy more diskettes      ',13,10
msg3      db    'This program works              ',13,10
msg4      db    'Turn off that printer           ',13,10
msg5      db    'II have more memory than you    ',13,10
msg6      db    'The PSP can be useful           ',13,10
msg7      db    'BASIC was easier than this      ',13,10
msg8      db    'DOS is indispensable            ',13,10
msg9      db    'Last message of the day         ',13,10
errmsg    db    'error!!! invalid parameter      ',13,10,'$'
promptmsg db    'Please input an integer (0 - 9): ',13,10,'$'
datarea ends
```

```
stack segment
          db    256     dup(0)
tos       label word
stack ends

prognam segment
main      proc  far
  assume cs:prognam,ds:datarea,ss:stack
start:
       mov ax,stack
       mov ss,ax
       mov sp,offset tos

       push ds
       sub ax,ax
       push ax

       mov ax,datarea
       mov ds,ax

       mov dx,offset msg0
       mov ah,9
       int 21h

begin:
       mov dx,offset promptmsg
       mov ah,9
       int 21h
       mov ah,1
       int 21h
       sub al,'0'
       jc error
       cmp al,9
       ja error
       mov bx,offset msg0
       mul thirty
       add bx,ax
       call display
       jmp begin
error:  mov bx,offset errmsg
       call display
       ret
```

```
display proc near
        mov cx,30
disp1:  mov dl,[bx]
        call dispchar
        inc bx
        loop disp1
        mov dl,0dh
        call dispchar
        mov dl,0ah
        call dispchar
        ret
display endp

dispchar proc near
        mov ah,2
        int 21h
        ret
dispchar endp

main endp


prognam ends
     end start
```

运行调试过程如下：

(1) 编译：输入命令 d:\masm5\masm ex610.asm，按 Enter 键。

```
Microsoft (R) Macro Assembler Version 5.00
Copyright (C) Microsoft Corp 1981 - 1985, 1987. All rights reserved.
Source listing [NUL.LST]: Cross - reference [NUL.CRF]:
  50714 + 449750 Bytes symbol space free


      0 Warning Errors
      0 Severe Errors
```

(2) 连接：输入命令 d:\masm5\link ex610.obj，按 Enter 键。

```
Microsoft (R) Overlay Linker Version 3.60
Copyright (C) Microsoft Corp 1983 - 1987. All rights reserved.
Run File [610.EXE]: List File [NUL.MAP]: Libraries [.LIB]:
```

(3) 调试：输入命令 d:\masm5\debug ex610.exe，按 Enter 键。

① 先用 u 命令反汇编整个程序，查看每条指令的物理地址，以便后面查看物理

地址。

```
-u
0BE1:0000 B88C0B        MOV     AX,0B8C
0BE1:0003 8ED0          MOV     SS,AX
0BE1:0005 BC0004        MOV     SP,0400
0BE1:0008 1E            PUSH    DS
0BE1:0009 2BC0          SUB     AX,AX
0BE1:000B 50            PUSH    AX
0BE1:000C B8CC0B        MOV     AX,0BCC
0BE1:000F 8ED8          MOV     DS,AX
0BE1:0011 B401          MOV     AH,01
0BE1:0013 CD21          INT     21
0BE1:0015 2C30          SUB     AL,30
0BE1:0017 7212          JB      002B
0BE1:0019 3C39          CMP     AL,39
0BE1:001B 770E          JA      002B
0BE1:001D BB0100        MOV     BX,0001
-u

0BE1:0020 F6260000      MUL     BYTE PTR [0000]
0BE1:0024 03D8          ADD     BX,AX
0BE1:0026 E80B00        CALL    0034
0BE1:0029 EBE6          JMP     0011
0BE1:002B BB2D01        MOV     BX,012D
0BE1:002E E80300        CALL    0034
0BE1:0031 EB1C          JMP     004F
0BE1:0033 90            NOP
0BE1:0034 B91E00        MOV     CX,001E
0BE1:0037 8A17          MOV     DL,[BX]
0BE1:0039 E80E00        CALL    004A
0BE1:003C 43            INC     BX
0BE1:003D E2F8          LOOP    0037
0BE1:003F B20D          MOV     DL,0D
-u

0BE1:0041 E80600        CALL    004A
0BE1:0044 B20A          MOV     DL,0A
0BE1:0046 E80100        CALL    004A
0BE1:0049 C3            RET
0BE1:004A B402          MOV     AH,02
0BE1:004C CD21          INT     21
0BE1:004E C3            RET
```

```
0BE1:004F B8004C        MOV    AX,4C00
0BE1:0052 CD21          INT    21
```

② 查看堆栈地址及内容。

```
-g 0be1:0005

AX=0B8C  BX=0000  CX=0754  DX=0000  SP=0400  BP=0000  SI=0000  DI=0000
DS=0B7C  ES=0B7C  SS=0B8C  CS=0BE1  IP=0005  NV UP EI PL NZ NA PO NC
0BE1:0005 BC0004            MOV SP,0400
-t
AX=0B8C  BX=0000  CX=0754  DX=0000  SP=0400  BP=0000  SI=0000  DI=0000
DS=0B7C  ES=0B7C  SS=0B8C  CS=0BE1  IP=0008  NV UP EI PL NZ NA PO NC
0BE1:0008 1E                PUSH DS
-d ss:0400
;堆栈指针指向数据段,堆栈内容如下
0B8C:0400 1E 49 20 6C 69 6B 65 20-6D 79 20 49 42 4D 5F 70  . I like my IBM _ p
0B8C:0410 63 2D 2D 2D 2D 2D 2D 2D-2D 2D 2D 2D 2D 2D 2D 38  c--------------8
0B8C:0420 30 38 30 20 70 72 6F 67-72 61 6D 6D 69 6E 67 20  0 8 0 programming
0B8C:0430 69 73 20 66 75 6E 2D 2D-2D 2D 2D 2D 2D 74 69 6D  isfun------- tim
0B8C:0440 65 20 74 6F 20 62 75 79-20 6D 6F 72 65 20 64 69  e to buy more di
0B8C:0450 73 6B 2D 2D 2D 2D 2D 2D-2D 2D 2D 74 68 69 73 20  sk--------- this
0B8C:0460 70 72 6F 67 72 61 6D 20-77 6F 72 6B 73 2D 2D 2D  program works ---
0B8C:0470 2D 2D 2D 2D 2D 2D 2D 2D-2D 74 75 72 6E 20 6F 66  ---------- turnof
-d ds:0000
;此时的数据段内容
0B7C:0000 CD 20 FF 9F 00 9A F0 FE-1D F0 4F 03 90 05 8A 03  .........O.....
0B7C:0010 90 05 17 03 90 05 7F 05-01 03 01 00 02 FF FF FF  ................
0B7C:0020 FF FF FF FF FF FF FF FF-FF FF FF FF 3D 0B F1 49  ...........=..I
0B7C:0030 90 05 14 00 18 00 7C 0B-FF FF FF FF 00 00 00 00  ......|.........
0B7C:0040 05 00 00 00 00 00 00 00-00 00 00 00 00 00 00 00  ................
0B7C:0050 CD 21 CB 00 00 00 00 00-00 00 00 00 00 4D 4F 52  .!..........MOR
0B7C:0060 45 20 20 20 20 20 20 20-00 00 00 00 00 20 20 20  E        .....
0B7C:0070 20 20 20 20 20 20 20 20-00 00 00 00 00 00 00 00          ........
-g 000f     ;把定义的数据存入 DS 中
AX=0BCC  BX=0000  CX=0754  DX=0000  SP=03FC  BP=0000  SI=0000  DI=0000
DS=0B7C  ES=0B7C  SS=0B8C  CS=0BE1  IP=000F  NV UP EI PL ZR NA PE NC
0BE1:000F 8ED8            MOV DS,AX
-t
AX=0BCC  BX=0000  CX=0754  DX=0000  SP=03FC  BP=0000  SI=0000  DI=0000
DS=0BCC  ES=0B7C  SS=0B8C  CS=0BE1  IP=0011  NV UP EI PL ZR NA PE NC
0BE1:0011 B401            MOV AH,01
-d ds:0000
;数据段内容
```

```
0BCC:0000 1E 49 20 6C 69 6B 65 20-6D 79 20 49 42 4D 5F 70  . I like my IBM _ p
0BCC:0010 63 2D 2D 2D 2D 2D 2D 2D-2D 2D 2D 2D 2D 2D 2D 38  c--------------8
0BCC:0020 30 38 30 20 70 72 6F 67-72 61 6D 6D 69 6E 67 20  0 8 0 programming
0BCC:0030 69 73 20 66 75 6E 2D 2D-2D 2D 2D 2D 2D 74 69 6D  is fun------- tim
0BCC:0040 65 20 74 6F 20 62 75 79-20 6D 6F 72 65 20 64 69  e to buy more di
0BCC:0050 73 6B 2D 2D 2D 2D 2D 2D-2D 2D 2D 74 68 69 73 20  sk--------- this
0BCC:0060 70 72 6F 67 72 61 6D 20-77 6F 72 6B 73 2D 2D 2D  program works ---
0BCC:0070 2D 2D 2D 2D 2D 2D 2D 2D-2D 74 75 72 6E 20 6F 66  --------- turnof

-g 0015
3              ;从键盘接收一个字符,把它的ASCII值放入AL寄存器中

AX=0133  BX=0000  CX=0754  DX=0000  SP=03FC  BP=0000  SI=0000  DI=0000
DS=0BCC  ES=0B7C  SS=0B8C  CS=0BE1  IP=0015  NV UP EI PL ZR NA PE NC
0BE1:0015 2C30          SUB AL,30

-t             ;判断程序走向
AX=0103  BX=0000  CX=0754  DX=0000  SP=03FC  BP=0000  SI=0000  DI=0000
DS=0BCC  ES=0B7C  SS=0B8C  CS=0BE1  IP=0017  NV UP EI PL NZ NA PE NC
0BE1:0017 7212          JB 002B
-t
AX=0103  BX=0000  CX=0754  DX=0000  SP=03FC  BP=0000  SI=0000  DI=0000
DS=0BCC  ES=0B7C  SS=0B8C  CS=0BE1  IP=0019  NV UP EI PL NZ NA PE NC
0BE1:0019 3C39          CMP AL,39      ;输入的数字在0~9之间
-g 001d
AX=0103  BX=0000  CX=0754  DX=0000  SP=03FC  BP=0000  SI=0000  DI=0000
DS=0BCC  ES=0B7C  SS=0B8C  CS=0BE1  IP=001D  NV UP EI NG NZ AC PE CY
0BE1:001D BB0100        MOV BX,0001
-t
AX=0103  BX=0001  CX=0754  DX=0000  SP=03FC  BP=0000  SI=0000  DI=0000
DS=0BCC  ES=0B7C  SS=0B8C  CS=0BE1  IP=0020  NV UP EI NG NZ AC PE CY
0BE1:0020 F6260000      MUL BYTE PTR [0000]                     DS:0000=1E
-t
AX=005A  BX=0001  CX=0754  DX=0000  SP=03FC  BP=0000  SI=0000  DI=0000
DS=0BCC  ES=0B7C  SS=0B8C  CS=0BE1  IP=0024  NV UP EI PL NZ NA PE NC
0BE1:0024 03D8          ADD BX,AX
-t
;计算要显示的字符串的偏移地址
AX=005A  BX=005B  CX=0754  DX=0000  SP=03FC  BP=0000  SI=0000  DI=0000
DS=0BCC  ES=0B7C  SS=0B8C  CS=0BE1  IP=0026  NV UP EI PL NZ NA PO NC
0BE1:0026 E80B00        CALL 0034
-g 0034
;取出要显示字符的物理地址
AX=005A  BX=005B  CX=0754  DX=0000  SP=03FA  BP=0000  SI=0000  DI=0000
```

```
DS = 0BCC  ES = 0B7C  SS = 0B8C  CS = 0BE1  IP = 0034  NV UP EI PL NZ NA PO NC
0BE1:0034 B91E00        MOV CX,001E
-t
AX = 005A  BX = 005B  CX = 001E  DX = 0000  SP = 03FA  BP = 0000  SI = 0000  DI = 0000
DS = 0BCC  ES = 0B7C  SS = 0B8C  CS = 0BE1  IP = 0037  NV UP EI PL NZ NA PO NC
0BE1:0037 8A17          MOV DL,[BX]                                    DS:005B = 74
-t        ;要显示的字符存入了 DL 中
AX = 005A  BX = 005B  CX = 001E  DX = 0074  SP = 03FA  BP = 0000  SI = 0000  DI = 0000
DS = 0BCC  ES = 0B7C  SS = 0B8C  CS = 0BE1  IP = 0039  NV UP EI PL NZ NA PO NC
0BE1:0039 E80E00        CALL 004A
-t
AX = 005A  BX = 005B  CX = 001E  DX = 0074  SP = 03F8  BP = 0000  SI = 0000  DI = 0000
DS = 0BCC  ES = 0B7C  SS = 0B8C  CS = 0BE1  IP = 004A  NV UP EI PL NZ NA PO NC
0BE1:004A B402          MOV AH,02
-g 003c
t           ;显示符合输入值的第一个字符
AX = 0201  BX = 005B  CX = 001E  DX = 0074  SP = 03FA  BP = 0000  SI = 0000  DI = 0000
DS = 0BCC  ES = 0B7C  SS = 0B8C  CS = 0BE1  IP = 003C  NV UP EI PL NZ NA PO NC
0BE1:003C 43            INC BX
-g 003f  ;直接执行到所有字符输出为止
his program works------------   ;显示符合输入值的其余字符
AX = 0201  BX = 0079  CX = 0000  DX = 002D  SP = 03FA  BP = 0000  SI = 0000  DI = 0000
DS = 0BCC  ES = 0B7C  SS = 0B8C  CS = 0BE1  IP = 003F  NV UP EI PL NZ NA PO NC
0BE1;003F B20D          MOV DL,0D
```

③ 继续下一次程序的运行。

```
-g 0be1:0015
6     ;输入值
AX = 0136  BX = 0000  CX = 0754  DX = 0000  SP = 03FC  BP = 0000  SI = 0000  DI = 0000
DS = 0BCC  ES = 0B7C  SS = 0B8C  CS = 0BE1  IP = 0015  NV UP EI PL ZR NA PE NC
0BE1:0015 2C30          SUB AL,30

-g 0031
;显示相应的信息
the pso can be useful---------
3this program works------------         ;若继续输入新值,显示相应的信息
yerror! invalid parameter!-----         ;若输入非数字,则输出该出错信息

-q
```

至此,调试完毕。

2. 用宏实现以下功能:从键盘输入两个数据存入存储单元 d1 和 d2,把它们的和存放在存储单元 sum 中。然后在主程序中调用该宏。

3. 编写一个宏的定义和调用的程序，实现把寄存器中的整数转换为字符并输出的功能。

三、实验心得

写出在 debug 状态下编写、运行程序的过程以及调试中遇到的问题是如何解决的，并对调试过程中的问题进行分析，对运行结果进行分析。

上机实验 7　中断处理实验

一、实验目的

1. 了解各种常用中断的使用。
2. 了解屏幕显示的设置。

二、实验内容

1. 编写一个中断处理程序，要求主程序运行的过程中，每隔 10s 响铃一次，在屏幕上显示"The bell is ring!"。

ex805.asm 源程序如下：

```
.model small
.stack
.data
    count dw 1
    msg db 'The bell is ring!',0dh,0ah,'$'
.code
main proc far
start:
        mov ax,@data
        mov ds,ax

;保存旧的中断向量，取中断向量
        mov al,1ch
        mov ah,35h
        int 21h

        push es
        push bx
        push ds
```

```
;设置新的中断向量
        mov dx,offset ring
        mov ax,seg ring
        mov ds,ax

        mov al,1ch
        mov ah,25h
        int 21h
;取端口 21 的信息,设置中断屏蔽寄存器 8259A
        pop ds
        and al,11111110b
        out 21h,al
        sti

        mov di,20000
delay: mov si,30000
delay1:dec si
        jnz delay1
        dec di
        jnz delay
;恢复旧的中断向量
        pop dx
        pop ds
        mov al,1ch
        mov ah,25h
        int 21h

        mov ax,4c00h
        int 21h
main endp

ring proc near
        push ds
        push ax
        push cx
        push dx

        mov ax,@data
        mov ds,ax
        sti

        dec count
        jnz exit
```

```
;显示字符串 The bell is ring!
        mov dx,offset msg
        mov ah,09h
        int 21h

        mov dx,100
        in al,61h
        and al,0fch
;扬声器控制
sound: xor al,02
        out 61h,al
        mov cx,1400h
wait1: loop wait1
        dec dx
        jne sound
        mov count,182
;关闭中断
exit:  cli
        pop dx
        pop cx
        pop ax
        pop ds
        iret
ring endp
        end start
```

运行调试过程如下。

(1) 编译：输入命令 d:\masm5\masm ex805.asm,按 Enter 键。

```
Microsoft (R) Macro Assembler Version 5.00
Copyright (C) Microsoft Corp 1981 - 1985, 1987. All rights reserved.
Source listing [NUL.LST]: Cross - reference [NUL.CRF]:
  50262 + 415386 Bytes symbol space free


      0 Warning Errors
      0 Severe Errors
```

(2) 连接：输入命令 d:\masm5\link ex805.obj,按 Enter 键。

```
Microsoft (R) Overlay Linker Version 3.60
Copyright (C) Microsoft Corp 1983 - 1987. All rights reserved.

Run File [EX805.EXE]: List File [NUL.MAP]: Libraries [.LIB]:
```

(3) 调试：输入命令 d:\masm5\debug ex805.exe,按 Enter 键。

① 先用 u 命令反汇编整个程序，查看每条指令的物理地址，以便后面查看物理地址。

```
-u
1427:0000 B83514        MOV    AX,1435
1427:0003 8ED8          MOV    DS,AX
1427:0005 B01C          MOV    AL,1C
1427:0007 B435          MOV    AH,35
1427:0009 CD21          INT    21
1427:000B 06            PUSH   ES
1427:000C 53            PUSH   BX
1427:000D 1E            PUSH   DS
1427:000E BA3B00        MOV    DX,003B
1427:0011 B82714        MOV    AX,1427
1427:0014 8ED8          MOV    DS,AX
1427:0016 B01C          MOV    AL,1C
1427:0018 B425          MOV    AH,25
1427:001A CD21          INT    21
1427:001C 1F            POP    DS
1427:001D 24FE          AND    AL,FE
1427:001F E621          OUT    21,AL
-u

1427:0021 FB            STI
1427:0022 BF204E        MOV    DI,4E20
1427:0025 BE3075        MOV    SI,7530
1427:0028 4E            DEC    SI
1427:0029 75FD          JNZ    0028
1427:002B 4F            DEC    DI
1427:002C 75F7          JNZ    0025
1427:002E 5A            POP    DX
1427:002F 1F            POP    DS
1427:0030 B01C          MOV    AL,1C
1427:0032 B425          MOV    AH,25
1427:0034 CD21          INT    21
1427:0036 B8004C        MOV    AX,4C00
1427:0039 CD21          INT    21
1427:003B 1E            PUSH   DS
1427:003C 50            PUSH   AX
1427:003D 51            PUSH   CX
1427:003E 52            PUSH   DX
1427:003F B83514        MOV    AX,1435
-g 0b
```

```
;设置 AL,AH 的值,得到老的中断向量的值

AX = 351C  BX = 06C0  CX = 0110  DX = 0000  SP = 0800  BP = 0000  SI = 0000  DI = 0000
DS = 1435  ES = 020C  SS = 1438  CS = 1427  IP = 000B  NV UP EI PL NZ NA PO NC
1427:000B 06              PUSH    ES
-g 16
;把 DS 寄存器指向子程序的段地址
AX = 1427  BX = 06C0  CX = 0110  DX = 003B  SP = 07FA  BP = 0000  SI = 0000  DI = 0000
DS = 1427  ES = 020C  SS = 1438  CS = 1427  IP = 0016  NV UP EI PL NZ NA PO NC
1427:0016 B01C            MOV     AL,1C
```

② 接下来的调试比较麻烦,因为本例是通过把子程序的段地址和有效地址存入DS和DX寄存器而达到调用子程序的目的,所以,接下来要等待延迟并循环调用子程序。因此,如果用g命令让程序运行到子程序未结束之前,则系统会报错,DOS会直接退出。

```
-g 1c

AX = 251C  BX = 06C0  CX = 0088  DX = 003B  SP = 03FA  BP = 0000  SI = 0000  DI = 0000
DS = 1427  ES = 020C  SS = 1430  CS = 1427  IP = 001C  NV UP EI PL NZ NA PO NC
1427:001C 1F              POP     DS
-The bell is ring!
-g 22

AX = 251C  BX = 06C0  CX = 0088  DX = 003B  SP = 03FC  BP = 0000  SI = 0000  DI = 0000
DS = 142E  ES = 020C  SS = 1430  CS = 1427  IP = 0022  NV UP EI PL NZ NA PO NC
1427:0022 BF204E          MOV     DI,4E20
-The bell is ring!
```

③ 只要运行地址在循环结束之前,子程序就只被调用一次,并且系统提示出错,如图2-5所示。

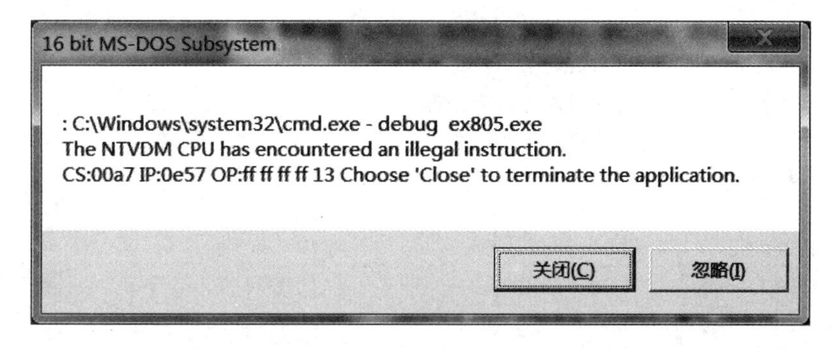

图2-5　中断调用被打断的出错信息

对于这样的程序，调试的方法是先看懂出错的信息，让程序运行，忽略出错信息，查看程序的运行流程就可以了。

2. 在屏幕第5行第5列显示以下字符串：'12345678yourname'(每位同学对应于自己的学号和姓名的拼音)和E-mail地址，字体前景色为黄色，背景色为蓝色。

三、实验心得

写出在debug状态下编写、运行程序的过程以及调试中遇到的问题是如何解决的，并对调试过程中的问题进行分析，对运行结果进行分析。

上机实验8　BIOS中断实验

一、实验目的

1. 掌握BIOS中断的编写方法。
2. 掌握显示器的设置方法。

二、实验内容

1. 在屏幕中心的小窗口中显示字符，当输入20个字符的时候，该行就自动向上卷动，当输入9行字符后，顶端的内容消失。

ex901.asm源程序如下：

```
.model small
.stack
.code
  start:
    esc_key equ 1bh       ;Esc 的 ASCII 值
    ulc equ 30            ;窗口左上角列坐标
    ulr equ 8             ;窗口右上角行坐标
    lrc equ 50            ;窗口左下角列坐标
    lrr equ 16            ;窗口右下角行坐标
    wwidth equ 5          ;窗口宽度

main proc far
    call clearscn         ;清屏调用

    locate:               ;设置窗口位置
    mov ah,2
    mov dh,lrr
```

```
    mov dl,ulc
    mov bh,0
    int 10h

    mov cx,wwidth

get_ch:                     ;获取任意字符,当遇到 Esc 时结束
    mov ah,1
    int 21h
    cmp al,esc_key
    jz exit
    loop get_ch

    mov ah,6                ;屏幕上卷
    mov al,1
    mov ch,ulr
    mov cl,ulc
    mov dh,lrr
    mov dl,lrc
    mov bh,7
    int 10h
    jmp locate

exit:
    mov cx, 4c00h
    int 21h
  main endp

clearscn proc near          ;清屏子程序
    push ax
    push bx
    push cx
    push dx

    mov ah,6                ;清屏
    mov al,0
    mov bh,7
    mov ch,0
    mov dh,24
    mov dl,79
    int 10h

    mov dx,0                ;设置光标
```

```
    mov ah,2
    int 10h

    pop dx
    pop cx
    pop bx
    pop ax

    ret
clearscn endp

end start
```

运行调试过程如下。

(1) 编译：输入命令 d:\masm5\masm ex901.asm，按 Enter 键。

```
Microsoft (R) Macro Assembler Version 5.00
Copyright (C) Microsoft Corp 1981 - 1985, 1987. All rights reserved.
Object filename [ex901.OBJ]: Source listing [NUL.LST]: Cross - reference [NUL.CRF]:
  50794 + 415750 Bytes symbol space free

      0 Warning Errors
      0 Severe Errors
```

(2) 连接：输入命令 d:\masm5\link ex901.obj，按 Enter 键。

```
Microsoft (R) Overlay Linker Version 3.60
Copyright (C) Microsoft Corp 1983 - 1987. All rights reserved.
Run File [ex901.EXE]: List File [NUL.MAP]: Libraries [.LIB]:
```

(3) 调试：输入命令 d:\masm5\debug ex901.exe，按 Enter 键。

debug 调试过程如下。

```
-u  ;先用 u 命令找出源代码在代码段中的地址值

1427:0000 E82E00          CALL    0031
1427:0003 B402            MOV     AH,02
1427:0005 B610            MOV     DH,10
1427:0007 B21E            MOV     DL,1E
1427:0009 B700            MOV     BH,00
1427:000B CD10            INT     10
1427:000D B91400          MOV     CX,0014
1427:0010 B401            MOV     AH,01
1427:0012 CD21            INT     21
1427:0014 3C1B            CMP     AL,1B
```

```
1427:0016 7414          JZ      002C
1427:0018 E2F6          LOOP    0010
1427:001A B406          MOV     AH,06
1427:001C B001          MOV     AL,01
1427:001E B508          MOV     CH,08
-u

1427:0020 B11E          MOV     CL,1E
1427:0022 B610          MOV     DH,10
1427:0024 B232          MOV     DL,32
1427:0026 B707          MOV     BH,07
1427:0028 CD10          INT     10
1427:002A EBD7          JMP     0003
1427:002C B9004C        MOV     CX,4C00
1427:002F CD21          INT     21
1427:0031 50            PUSH    AX
1427:0032 53            PUSH    BX
1427:0033 51            PUSH    CX
1427:0034 52            PUSH    DX
1427:0035 B406          MOV     AH,06
1427:0037 B000          MOV     AL,00
1427:0039 B707          MOV     BH,07
1427:003B B500          MOV     CH,00
1427:003D B618          MOV     DH,18
1427:003F B24F          MOV     DL,4F
-u

1427:0041 CD10          INT     10
1427:0043 BA0000        MOV     DX,0000
1427:0046 B402          MOV     AH,02
1427:0048 CD10          INT     10
1427:004A 5A            POP     DX
1427:004B 59            POP     CX
1427:004C 5B            POP     BX
1427:004D 58            POP     AX
1427:004E C3            RET
1427:004F 0000          ADD     [BX+SI],AL
1427:0051 0000          ADD     [BX+SI],AL
1427:0053 0000          ADD     [BX+SI],AL
1427:0055 0000          ADD     [BX+SI],AL
1427:0057 0000          ADD     [BX+SI],AL
1427:0059 0000          ADD     [BX+SI],AL
1427:005B 0000          ADD     [BX+SI],AL
```

```
1427:005D 0000          ADD    [BX + SI],AL
1427:005F 0000          ADD    [BX + SI],AL
-t  ;用t命令单步执行,找到程序自动执行的起始地址
AX = 0000  BX = 0000  CX = 004F  DX = 0000  SP = 03FE  BP = 0000  SI = 0000  DI = 0000
DS = 1417  ES = 1417  SS = 142C  CS = 1427  IP = 0031  NV UP EI PL NZ NA PO NC
1427:0031 50          PUSH AX     ;发现程序确实是从调用子程序开始执行
-g 35  ;执行到所有入栈操作完毕

AX = 0000  BX = 0000  CX = 004F  DX = 0000  SP = 03F6  BP = 0000  SI = 0000  DI = 0000
DS = 1417  ES = 1417  SS = 142C  CS = 1427  IP = 0035  NV UP EI PL NZ NA PO NC
1427:0035 B406          MOV AH,06
-d ss:03f0  ;通过上一步,查找到堆栈栈顶指针值 SP,然后查看堆栈内的内容 4 个寄存器
            ;AX,BX,CX,DX 的值可以在上一步 g 命令中查看,它们依次入栈,入栈后栈顶 SP
            ;的值为 03F6,从 03F6 开始向地址增大方向存放 DX、CS、BX、AX 的值.这验证了
            ;堆栈是从栈底向栈顶存放数据的

142C:03F0 35 00 27 14 10 0E 00 00-4F 00 00 00 00 00 03 00   5.'.....O.......
142C:0400 00 00 00 00 00 00 00 00-00 00 00 00 00 00 00 00   ................
142C:0410 00 00 00 00 00 00 00 00-00 00 00 00 00 00 00 00   ................
142C:0420 00 00 00 00 00 00 00 00-00 00 00 00 00 00 00 00   ................
142C:0430 00 00 00 00 00 00 00 00-00 00 00 00 00 00 00 00   ................
142C:0440 00 00 00 00 00 00 00 00-00 00 00 00 00 00 00 00   ................
142C:0450 00 00 00 00 00 00 00 00-00 00 00 00 00 00 00 00   ................
142C:0460 00 00 00 00 00 00 00 00-00 00 00 00 00 00 00 00   ................
-g 3f ;设置显示窗口的位置

AX = 0600  BX = 0700  CX = 004F  DX = 1800  SP = 03F6  BP = 0000  SI = 0000  DI = 0000
DS = 1417  ES = 1417  SS = 142C  CS = 1427  IP = 003F  NV UP EI PL NZ NA PO NC
1427:003F B24F                                  MOV DL,4F
-g 14 ;回到主程序继续执行,为了避免 21H 中断的非正常跳出,直接执行到中断的后一个
      ;语句.但是程序会等待从键盘输入数据,所以输入数据'w'
w
AX = 0177  BX = 0000  CX = 0005  DX = 101E  SP = 0400  BP = 0000  SI = 0000  DI = 0000
DS = 1417  ES = 1417  SS = 142C  CS = 1427  IP = 0014  NV UP EI PL NZ NA PO NC
1427:0014 3C1B            CMP AL,1B
;输入的字符'w'的 ASCII 值 77H 存入 AL 寄存器
-t   ;单步执行,把输入的字符与结束标识 Esc 键比较是否相同,相同则退出程序,不相同则
     ;继续输入字符

AX = 0177  BX = 0000  CX = 0005  DX = 101E  SP = 0400  BP = 0000  SI = 0000  DI = 0000
DS = 1417  ES = 1417  SS = 142C  CS = 1427  IP = 0016  NV UP EI PL NZ AC PE NC
1427:0016 7414            JZ 002C
-t
```

```
AX = 0177  BX = 0000  CX = 0005  DX = 101E  SP = 0400  BP = 0000  SI = 0000  DI = 0000
DS = 1417  ES = 1417  SS = 142C  CS = 1427  IP = 0018  NV UP EI PL NZ AC PE NC
1427:0018 E2F6          LOOP 0010
-t

AX = 0177  BX = 0000  CX = 0004  DX = 101E  SP = 0400  BP = 0000  SI = 0000  DI = 0000
DS = 1417  ES = 1417  SS = 142C  CS = 1427  IP = 0010  NV UP EI PL NZ AC PE NC
1427:0010 B401          MOV  AH,01
-g 15
    ;按 Esc 键
AX = 011B  BX = 0000  CX = 0004  DX = 101E  SP = 0400  BP = 0000  SI = 0000  DI = 0000
DS = 1417  ES = 1417  SS = 142C  CS = 1427  IP = 0014  NV UP EI PL NZ AC PE NC
1427:0014 3C1B          CMP  AL,1B
-t  ;单步执行,与结束标志比较

AX = 011B  BX = 0000  CX = 0004  DX = 101E  SP = 0400  BP = 0000  SI = 0000  DI = 0000
DS = 1417  ES = 1417  SS = 142C  CS = 1427  IP = 0016  NV UP EI PL ZR NA PE NC
1427:0016 7414          JZ 002C
-t  ;上一步中的 ZF 标志值为 ZR,表示比较结果相同,程序退出

AX = 011B  BX = 0000  CX = 0004  DX = 101E  SP = 0400  BP = 0000  SI = 0000  DI = 0000
DS = 1417  ES = 1417  SS = 142C  CS = 1427  IP = 002C  NV UP EI PL ZR NA PE NC
1427:002C B9004C        MOV CX,4C00
-g 14   ;重新输入新的字符

y         ;继续输入字符
AX = 0179  BX = 0000  CX = 0005  DX = 101E  SP = 0400  BP = 0000  SI = 0000  DI = 0000
DS = 1417  ES = 1417  SS = 142C  CS = 1427  IP = 0014  NV UP EI PL NZ NA PO NC
1427:0014 3C1B          CMP AL,1B
-t
AX = 0179  BX = 0000  CX = 0005  DX = 101E  SP = 0400  BP = 0000  SI = 0000  DI = 0000
DS = 1417  ES = 1417  SS = 142C  CS = 1427  IP = 0016  NV UP EI PL NZ AC PO NC
1427:0016 7414          JZ 002C
-t

AX = 0179  BX = 0000  CX = 0005  DX = 101E  SP = 0400  BP = 0000  SI = 0000  DI = 0000
DS = 1417  ES = 1417  SS = 142C  CS = 1427  IP = 0018  NV UP EI PL NZ AC PO NC
1427:0018 E2F6          LOOP 0010
-t

AX = 0179  BX = 0000  CX = 0004  DX = 101E  SP = 0400  BP = 0000  SI = 0000  DI = 0000
DS = 1417  ES = 1417  SS = 142C  CS = 1427  IP = 0010  NV UP EI PL NZ AC PO NC
```

```
1427:0010 B401          MOV AH,01
-g 1a   ;一次性输入多个字符

dkfj
AX = 016A  BX = 0000  CX = 0000  DX = 101E  SP = 0400  BP = 0000  SI = 0000  DI = 0000
DS = 1417  ES = 1417  SS = 142C  CS = 1427  IP = 001A  NV UP EI PL NZ AC PO NC
1427:001A B406          MOV AH,06
-g 2c

djkfjkddjkfjkddkfjkd    ;最后按 Esc 键
AX = 011B  BX = 0000  CX = 0005  DX = 101E  SP = 0400  BP = 0000  SI = 0000  DI = 0000
DS = 1417  ES = 1417  SS = 142C  CS = 1427  IP = 002C  NV UP EI PL ZR NA PE NC
1427:002C B9004C        MOV CX,4C00
-q
```

三、实验心得

写出在 debug 状态下编写、运行程序的过程以及调试中遇到的问题是如何解决的，并对调试过程中的问题进行分析，对运行结果进行分析。

上机实验 9　文件的操作实验

一、实验目的

1. 掌握建立文件的程序编写方法。
2. 掌握把数据写入文件的方法。
3. 掌握从文件中读取内容的方法。

二、实验内容

1. 用文件代号建立文件。

源程序如下：

```
;ex1101.asm

.model small
.stack
.data
        namepar label byte
        maxlen    db  30
```

```
        namelen    db  ?
        namerec    db  30 dup(' '),0dh,0ah

        clrf       db  13,10,'$'
        errcde     db  0
        handle     dw  ?
        pathnam    db  'd:\masm5\name.txt',0
        prompt     db  'name? '
        row        db  01
        opnmsg     db  '*** open error ***',0dh,0ah,'$'
        wrtmsg     db  '*** write error ***',0dh,0ah,'$'

.code
begin proc far

          mov ax,@data
          mov ds,ax
          mov es,ax
          mov ax,0600h
;主程序
          call scren
          call curs
          call creath
          cmp errcde,0
          jz contin
          jmp back

contin:   call proch
          cmp namelen,0
          jne contin
          call clseh
;返回 DOS
back:     mov ax,4c00h
          int 21h
begin endp
;创建磁盘文件
creath proc near
          mov ah,3ch        ;21H 中断的 3CH 功能,在 CX 中存储文件的属性
          mov cx,0
          lea dx,pathnam
          int 21h
          jc a1
```

```
            mov handle,ax
            ret

a1:         lea dx,opnmsg
            call errm
            ret
creath endp
;接收输入
proch proc near
            mov ah,40h    ;写磁盘文件
            mov bx,01
            mov cx,06
            lea dx,prompt
            int 21h

            mov ah,0ah
            lea dx,namepar
            int 21h
            cmp namelen,0
            jne b1
            ret

b1:         mov al,20h
            sub ch,ch
            mov cl,namelen
            lea di,namerec
            add di,cx
            neg cx
            add cx,30
            cld
            rep stosb
            call writh
            call scrl
            ret
proch endp
;查看卷屏
scrl proc near
            cmp row,18h
            jae c1
            mov ah,09
            lea dx,clrf
            int 21h
            inc row
```

```
          ret
c1:       mov ax,0610h
          call scren
          call curs
          ret
scrl endp
;写磁盘记录
writh proc near
          mov ah,40h
          mov bx,handle
          mov cx,32
          lea dx,namerec
          int 21h
          jnc d1
          lea dx,wrtmsg
          call errm
          mov namelen,0
d1:       ret
writh endp
;关闭文件
clseh proc near
          mov namerec,1ah
          call writh
          mov ah,3eh
          mov bx,handle
          int 21h
          ret
clseh endp
;屏幕设置
scren proc near
          mov bh,1eh
          mov cx,0
          mov dx,184fh
          int 10h
          ret
scren endp
;光标设置
curs proc near
          mov ah,02
          mov bh,0
          mov dh,row
          mov dl,0
          int 10h
```

```
            ret
curs endp
errm proc near
            mov ah,40h
            mov bx,01
            mov cx,21
            int 21h
            mov errcde,01
            ret
errm endp
      end begin
```

运行调试过程如下。

(1) 编译：输入命令 d:\masm5\masm ex1101.asm，按 Enter 键。

```
Microsoft (R) Macro Assembler Version 5.00
Copyright (C) Microsoft Corp 1981 - 1985, 1987. All rights reserved.
Source listing [NUL.LST]: Cross - reference [NUL.CRF]:
  50294 + 415354 Bytes symbol space free
      0 Warning Errors
      0 Severe Errors
```

(2) 连接：输入命令 d:\masm5\ink ex1101.obj，按 Enter 键。

```
Microsoft (R) Overlay Linker Version 3.60
Copyright (C) Microsoft Corp 1983 - 1987. All rights reserved.
Run File [EX1101.EXE]: List File [NUL.MAP]: Libraries [.LIB]:
```

(3) 调试：输入命令 d:\masm5\debug ex1101.exe，按 Enter 键。

```
-u
1427:0000 B84614          MOV     AX,1446
1427:0003 8ED8            MOV     DS,AX
1427:0005 8EC0            MOV     ES,AX
1427:0007 B80006          MOV     AX,0600
1427:000A E8C300          CALL    00D0
1427:000D E8CB00          CALL    00DB
1427:0010 E81C00          CALL    002F
1427:0013 803E250000      CMP     BYTE PTR [0025],00
1427:0018 7403            JZ      001D
1427:001A EB0E            JMP     002A
1427:001C 90              NOP
1427:001D E82800          CALL    0048
-u
1427:0020 803E010000      CMP     BYTE PTR [0001],00
```

```
1427:0025 75F6           JNZ   001D
1427:0027 E89500         CALL  00BF
1427:002A B8004C         MOV   AX,4C00
1427:002D CD21           INT   21
1427:002F B43C           MOV   AH,3C
1427:0031 B90000         MOV   CX,0000
1427:0034 8D162800       LEA   DX,[0028]
1427:0038 CD21           INT   21
1427:003A 7204           JB    0040
1427:003C A32600         MOV   [0026],AX
1427:003F C3             RET
-u
1427:0040 8D163B00       LEA   DX,[003B]
1427:0044 E8A100         CALL  00E8
1427:0047 C3             RET
1427:0048 B440           MOV   AH,40
1427:004A BB0100         MOV   BX,0001
1427:004D B90600         MOV   CX,0006
1427:0050 8D163400       LEA   DX,[0034]
1427:0054 CD21           INT   21
1427:0056 B40A           MOV   AH,0A
1427:0058 8D160000       LEA   DX,[0000]
1427:005C CD21           INT   21
1427:005E 803E010000     CMP   BYTE PTR [0001],00
-u
1427:0063 7501           JNZ   0066
1427:0065 C3             RET
1427:0066 B020           MOV   AL,20
1427:0068 2AED           SUB   CH,CH
1427:006A 8A0E0100       MOV   CL,[0001]
1427:006E 8D3E0200       LEA   DI,[0002]
1427:0072 03F9           ADD   DI,CX
1427:0074 F7D9           NEG   CX
1427:0076 83C11E         ADD   CX,+1E
1427:0079 FC             CLD
1427:007A F3             REPZ
1427:007B AA             STOSB
1427:007C E82200         CALL  00A1
1427:007F E80100         CALL  0083
1427:0082 C3             RET
-u
1427:0083 803E3A0018     CMP   BYTE PTR [003A],18
1427:0088 730D           JNB   0097
```

```
1427:008A B409          MOV   AH,09
1427:008C 8D162200      LEA   DX,[0022]
1427:0090 CD21          INT   21
1427:0092 FE063A00      INC   BYTE PTR [003A]
1427:0096 C3            RET
1427:0097 B81006        MOV   AX,0610
1427:009A E83300        CALL  00D0
1427:009D E83B00        CALL  00DB
1427:00A0 C3            RET
1427:00A1 B440          MOV   AH,40
-u a1
1427:00A1 B440          MOV   AH,40
1427:00A3 8B1E2600      MOV   BX,[0026]
1427:00A7 B92000        MOV   CX,0020
1427:00AA 8D160200      LEA   DX,[0002]
1427:00AE CD21          INT   21
1427:00B0 730C          JNB   00BE
1427:00B2 8D164F00      LEA   DX,[004F]
1427:00B6 E82F00        CALL  00E8
1427:00B9 C606010000    MOV   BYTE PTR [0001],00
1427:00BE C3            RET
1427:00BF C60602001A    MOV   BYTE PTR [0002],1A
-t  ;进入主程序执行
AX=1446  BX=0000  CX=02B7  DX=0000  SP=0800  BP=0000  SI=0000  DI=0000
DS=1417  ES=1417  SS=1453  CS=1427  IP=0003  NV UP EI PL NZ NA PO NC
1427:0003 8ED8         MOV DS,AX
-t
AX=1446  BX=0000  CX=02B7  DX=0000  SP=0800  BP=0000  SI=0000  DI=0000
DS=1446  ES=1417  SS=1453  CS=1427  IP=0005  NV UP EI PL NZ NA PO NC
1427:0005 8EC0         MOV ES,AX
-g 10                  ;运行到调用建立文件的子程序 creath 的地方
AX=0200  BX=0000  CX=0000  DX=0100  SP=0800  BP=0000  SI=0000  DI=0000
DS=1446  ES=1446  SS=1453  CS=1427  IP=0010  NV UP EI PL NZ NA PO NC
1427:0010 E81C00       CALL 002F
-t  ;creath 子程序,建立文件
AX=0200  BX=0000  CX=0000  DX=0100  SP=07FE  BP=0000  SI=0000  DI=0000
DS=1446  ES=1446  SS=1453  CS=1427  IP=002F  NV UP EI PL NZ NA PO NC
1427:002F B43C         MOV AH,3C
-g  3a ;文件建立完毕,到 d 盘查看是否已正确建立文件
AX=0005  BX=0000  CX=0000  DX=0028  SP=07FE  BP=0000  SI=0000  DI=0000
DS=1446  ES=1446  SS=1453  CS=1427  IP=003A  NV UP EI PL NZ NA PO NC
1427:003A 7204         JB 0040        ;经查看,文件已正确建立
-g 1d  ;返回到主程序,调用写文件子程序 proch
```

```
AX = 0005  BX = 0000  CX = 0000  DX = 0028  SP = 0800  BP = 0000  SI = 0000  DI = 0000
DS = 1446  ES = 1446  SS = 1453  CS = 1427  IP = 001D  NV UP EI PL ZR NA PE NC
1427:001D E82800          CALL 0048
-t  ;
AX = 0005  BX = 0000  CX = 0000  DX = 0028  SP = 07FE  BP = 0000  SI = 0000  DI = 0000
DS = 1446  ES = 1446  SS = 1453  CS = 1427  IP = 0048  NV UP EI PL ZR NA PE NC
1427:0048 B440            MOV AH,40
-g 56  ;跳过写文件的过程,直接运行到写文件完毕
name?  ;输出提示信息,请输入姓名
AX = 0006  BX = 0001  CX = 0006  DX = 0034  SP = 07FE  BP = 0000  SI = 0000  DI = 0000
DS = 1446  ES = 1446  SS = 1453  CS = 1427  IP = 0056  NV UP EI PL ZR NA PE NC
1427:0056 B40A            MOV AH,0A
-g 5e  ;从键盘输入字符串
Loiu
AX = 0A01  BX = 0001  CX = 0006  DX = 0000  SP = 07FE  BP = 0000  SI = 0000  DI = 0000
DS = 1446  ES = 1446  SS = 1453  CS = 1427  IP = 005E  NV UP EI PL ZR NA PE NC
1427:005E 803E010000      CMP BYTE PTR [0001],00                DS:0001 = 04
-t
AX = 1446  BX = 0000  CX = 02B7  DX = 0000  SP = 0800  BP = 0000  SI = 0000  DI = 0000
DS = 1417  ES = 1417  SS = 1453  CS = 1427  IP = 0003  NV UP EI PL NZ NA PO NC
1427:0003 8ED8            MOV DS,AX
-g 7c
;写文件子程序,把键盘输入的数据写入文件中
name? hui  ;从键盘输入字符串
AX = 0A20  BX = 0001  CX = 0000  DX = 0000  SP = 07FE  BP = 0000  SI = 0000  DI = 0020
DS = 1446  ES = 1446  SS = 1453  CS = 1427  IP = 007C  NV UP EI PL NZ AC PE CY
1427:007C E82200          CALL 00A1
-t
AX = 0A20  BX = 0001  CX = 0000  DX = 0000  SP = 07FC  BP = 0000  SI = 0000  DI = 0020
DS = 1446  ES = 1446  SS = 1453  CS = 1427  IP = 00A1  NV UP EI PL NZ AC PE CY
1427:00A1 B440            MOV AH,40
-g b0
;具体写文件的执行过程结束,可以打开文件查看文件是否已经成功写入
AX = 0020  BX = 0005  CX = 0020  DX = 0002  SP = 07FC  BP = 0000  SI = 0000  DI = 0020
DS = 1446  ES = 1446  SS = 1453  CS = 1427  IP = 00B0  NV UP EI PL NZ AC PE NC
1427:00B0 730C            JNB 00BE
;经查看,数据确实已经写入文件了.程序调试结束
-q
```

2. 读取文件内容。

三、实验心得

写出在 debug 状态下编写、运行程序的过程以及调试中遇到的问题是如何解决

的，并对调试过程中的问题进行分析，对运行结果进行分析。

上机实验10 综合性实验

一、实验目的

掌握综合性实验的编写方法。

二、实验内容

1. 编写程序实现以下功能：在出现的提示信息中输入小写字母d，可显示系统当前日期；输入小写字母t，可显示系统当前时间；输入小写字母q，可结束程序。

运行过程如下：

```
;extime.asm 源代码解释
stack segment stack
    dw 200 dup (?)
stack ends
data segment
    space db 1000 dup (' ')
    pattern db 6 dup (' '),0c9h,26 dup (0cdh),0bbh,6 dup (' ')
            db 6 dup (' '),0bah,26 dup (20h),0bah,6 dup (' ')
            db 6 dup (' '),0c8h,26 dup (0cdh),0bch,6 dup (' ')
    dbuffer db 8 dup (':'),12 dup (' ')
    dbuffer1 db 20 dup (' ')
    str db 0dh,0ah, 'please input date(d) or time(t) or quit(q): $ '
data ends
code segment
  main proc far
    assume cs:code,ds:data,es:data,ss:stack

start: mov ax,0001h              ;设置显示方式为 40 * 25 彩色文本方式
      int 10h
      mov ax,data
      mov ds,ax
      mov es,ax
      mov bp,offset space        ;要显示的字符串地址 es:bp
      mov dx,0b00h
      mov cx,1000
      mov bx,0007h
      mov ax,1300h
```

```
        int 10h
        mov bp,offset pattern      ;显示矩形条,设置显示在屏幕上的位置
        mov dx,0b00h
        mov cx,120
        mov bx,004eh
        mov ax,1301h
        int 10h
        lea dx,str                 ;显示提示信息
        mov ah,9
        int 21h
        mov ah,1                   ;从键盘输入单个字符
        int 21h
        cmp al,64h                 ;al = 'd'
        jne a
        call date                  ;显示系统日期
a:      cmp al,74h                 ;al = 't'?
        jne b
        call time                  ;显示系统时间
b:      cmp al,71h                 ;al = 'q'
        jne start

        mov ax,4c00h               ;返回 DOS 状态
        int 21h
main endp

date proc near                     ;显示日期子程序
display:mov ah,2ah                 ;取日期。cx: 年,dh:月,dl:日
        int 21h
        mov si,0
        mov ax,cx                  ;年份存入 ax
        mov bx,100
        div bl                     ;ax/100,取出前两位数字放在 al 中,后两位数字放在 ah 中
        mov bl,ah
        call bcdasc1               ;年份的前两位数字 al 转换成相应的 ASCII 码字符
        mov al,bl                  ;年份的后两位数字 ah 转换成相应的 ASCII 码字符
        call bcdasc1
        inc si
        mov al,dh                  ;月份的两位数 dh 转换成相应的 ASCII 码字符
        call bcdasc1
        inc si
        mov al,dl                  ;日期的两位数字 dl 转换成相应的 ASCII 码字符
        call bcdasc1
```

```
        mov bp,offset dbuffer1   ;显示 es:bp 中的字符串
        mov dx,0c0dh
        mov cx,20
        mov bx,004eh
        mov ax,1301h
        int 10h
        mov ah,02h               ;设置光标位置
        mov dx,0300h
        mov bh,0
        int 10h

        mov bx,0018h

repea: mov cx,0ffffh             ;延时
repeat:loop repeat

        dec bx
        jnz repea

        mov ah,01h               ;读键盘缓冲区字符到 al 寄存器
        int 16h
        je display
        jmp start
        mov ax,4c00h
        int 21h
        ret
date endp

time proc near                   ;显示时间子程序
display1:mov si,0
        mov bx,100
        div bl
        mov ah,2ch               ;取系统时间 ch:cl = 时: 分
        int 21h
        mov al,ch
        call bcdasc              ;将小时 ch 的数值转换成 ASCII 码字符
        inc si
        mov al,cl                ;将分钟数 cl 转换成 ASCII 码字符
        call bcdasc
        inc si
        mov al,dh                ;将秒的数值 dh 转换成 ASCII 码字符
        call bcdasc
```

```
        mov bp,offset dbuffer      ;显示 es:bp 中的字符串
        mov dx,0c0dh
        mov cx,20
        mov bx,004eh
        mov ax,1301h
        int 10h

        mov ah,02h
        mov dx,0300h
        mov bh,0
        int 10h

        mov bx,0018h

re:     mov cx,0ffffh
rea:    loop rea

        dec bx
        jnz re

        mov ah,01h
        int 16h
        je display1
        jmp start
        mov ax,4c00h
        int 21h
        ret
time endp

bcdasc proc near                   ;时间数值转换成 ASCII 码字符子程序
        push bx
        cbw                        ;al -->ax
        mov bl,10
        div bl                     ;ax/bl,商 -->al,余数 -->ah
        add al,'0'                 ;小时的前一位
        mov dbuffer[si],al
        inc si
        add ah,'0'                 ;小时的后一位
        mov dbuffer[si],ah
        inc si
        pop bx
        ret
bcdasc endp
```

```
bcdasc1 proc near              ;al 中的数值年份转换成 ASCII 码字符子程序
        push bx
        cbw                    ;al --> ax
        mov bl,10
        div bl                 ;ax/bl,商存储在 al 中,余数存储在 ah 中
        add al,'0'             ;al 的高位数字加上 '0',变成数字字符
        mov dbuffer1[si],al    ;存入缓冲区
        inc si
        add ah,'0'             ;al 的低位数字加上 '0',变成数字字符
        mov dbuffer1[si],ah
        inc si
        pop bx
        ret
bcdasc1 endp
code ends
        end start
```

运行调试过程如下。

(1) 编译：输入命令 d:\masm5\masm extime.asm，按 Enter 键。

```
Microsoft (R) Macro Assembler Version 5.00
Copyright (C) Microsoft Corp 1981 - 1985, 1987. All rights reserved.

Object filename [extime.OBJ]:
Source listing [NUL.LST]:
Cross - reference [NUL.CRF]:
  50706 + 415822 Bytes symbol space free

      0 Warning Errors
      0 Severe Errors
```

(2) 连接：输入命令 d:\masm5\link extime.obj，按 Enter 键

```
Microsoft (R) Overlay Linker Version 3.60
Copyright (C) Microsoft Corp 1983 - 1987. All rights reserved.

Run File [EXTIME.EXE]:
List File [NUL.MAP]:
Libraries [.LIB]:
```

(3) 调试：输入命令 d:\masm5\debug extime.exe，按 Enter 键。

```
-u
148C:0000 B80100         MOV     AX,0001
```

```
148C:0003 CD10          INT     10
148C:0005 B84014        MOV     AX,1440
148C:0008 8ED8          MOV     DS,AX
148C:000A 8EC0          MOV     ES,AX
148C:000C BD0000        MOV     BP,0000
148C:000F BA000B        MOV     DX,0B00
148C:0012 B9E803        MOV     CX,03E8
148C:0015 BB0700        MOV     BX,0007
148C:0018 B80013        MOV     AX,1300
148C:001B CD10          INT     10
148C:001D BDE803        MOV     BP,03E8
-u
148C:0020 BA000B        MOV     DX,0B00
148C:0023 B97800        MOV     CX,0078
148C:0026 BB4E00        MOV     BX,004E
148C:0029 B80113        MOV     AX,1301
148C:002C CD10          INT     10
148C:002E 8D168804      LEA     DX,[0488]
148C:0032 B409          MOV     AH,09
148C:0034 CD21          INT     21
148C:0036 B401          MOV     AH,01
148C:0038 CD21          INT     21
148C:003A 3C64          CMP     AL,64
148C:003C 7503          JNZ     0041
148C:003E E81000        CALL    0051
-u
148C:0041 3C74          CMP     AL,74
148C:0043 7503          JNZ     0048
148C:0045 E86100        CALL    00A9
148C:0048 3C71          CMP     AL,71
148C:004A 75B4          JNZ     0000
148C:004C B8004C        MOV     AX,4C00
148C:004F CD21          INT     21
148C:0051 B42A          MOV     AH,2A
148C:0053 CD21          INT     21
148C:0055 BE0000        MOV     SI,0000
148C:0058 8BC1          MOV     AX,CX
148C:005A BB6400        MOV     BX,0064
148C:005D F6F3          DIV     BL
148C:005F 8ADC          MOV     BL,AH
-u
148C:0061 E8AD00        CALL    0111
148C:0064 8AC3          MOV     AL,BL
```

```
148C:0066 E8A800         CALL   0111
148C:0069 46             INC    SI
148C:006A 8AC6           MOV    AL,DH
148C:006C E8A200         CALL   0111
148C:006F 46             INC    SI
148C:0070 8AC2           MOV    AL,DL
148C:0072 E89C00         CALL   0111
148C:0075 BD7404         MOV    BP,0474
148C:0078 BA0D0C         MOV    DX,0C0D
148C:007B B91400         MOV    CX,0014
148C:007E BB4E00         MOV    BX,004E
-u
148C:0081 B80113         MOV    AX,1301
148C:0084 CD10           INT    10
148C:0086 B402           MOV    AH,02
148C:0088 BA0003         MOV    DX,0300
148C:008B B700           MOV    BH,00
148C:008D CD10           INT    10
148C:008F BB1800         MOV    BX,0018
148C:0092 B9FFFF         MOV    CX,FFFF
148C:0095 E2FE           LOOP   0095
148C:0097 4B             DEC    BX
148C:0098 75F8           JNZ    0092
148C:009A B401           MOV    AH,01
148C:009C CD16           INT    16
148C:009E 74B1           JZ     0051
148C:00A0 E95DFF         JMP    0000
-g 1d
;运行到此处,显示模式已经设置好,装入要显示的字符串地址 es:bp,在运行界面可以看到屏
;幕的变化

AX = 000A  BX = 0007  CX = 0001  DX = 0000  SP = 0190  BP = 0000  SI = 0000  DI = 0000
DS = 1440  ES = 1440  SS = 1427  CS = 148C  IP = 001D  NV UP EI PL NZ NA PO NC
148C:001D BDE803          MOV BP,03E8
-g 2c
;设置显示在屏幕上的位置
AX = 1301  BX = 004E  CX = 0078  DX = 0B00  SP = 0190  BP = 03E8  SI = 0000  DI = 0000
DS = 1440  ES = 1440  SS = 1427  CS = 148C  IP = 002C  NV UP EI PL NZ NA PO NC
148C:002C CD10            INT 10
-g 2e
;输入一个字符,'d'代表显示日期,'t'代表显示时间,'q'表示退出系统运行

AX = 0020  BX = 004E  CX = 0001  DX = 0E00  SP = 0190  BP = 03E8  SI = 0000  DI = 0000
```

```
DS = 1440   ES = 1440   SS = 1427   CS = 148C   IP = 002E   NV UP EI PL NZ NA PO NC
148C:002E 8D168804          LEA DX,[0488]                         DS:0488 = 0A0D
-g 3a

please input date(d) or time(t) or quit(q): t
AX = 0174   BX = 004E   CX = 0001   DX = 0488   SP = 0190   BP = 03E8   SI = 0000   DI = 0000
DS = 1440   ES = 1440   SS = 1427   CS = 148C   IP = 003A   NV UP EI PL NZ NA PO NC
148C:003A 3C64              CMP AL,64
;输入的字符是't',下面单步运行,查看程序的运行流程是否正确
-t

AX = 0174   BX = 004E   CX = 0001   DX = 0488   SP = 0190   BP = 03E8   SI = 0000   DI = 0000
DS = 1440   ES = 1440   SS = 1427   CS = 148C   IP = 003C   NV UP EI PL NZ NA PO NC
148C:003C 7503              JNZ 0041
-t

AX = 0174   BX = 004E   CX = 0001   DX = 0488   SP = 0190   BP = 03E8   SI = 0000   DI = 0000
DS = 1440   ES = 1440   SS = 1427   CS = 148C   IP = 0041   NV UP EI PL NZ NA PO NC
148C:0041 3C74              CMP AL,74
-t

AX = 0174   BX = 004E   CX = 0001   DX = 0488   SP = 0190   BP = 03E8   SI = 0000   DI = 0000
DS = 1440   ES = 1440   SS = 1427   CS = 148C   IP = 0043   NV UP EI PL ZR NA PE NC
148C:0043 7503              JNZ 0048
;发现 zf 寄存器的值是 zr,程序判断输入的字符是't',与预期一致
-t

AX = 0174   BX = 004E   CX = 0001   DX = 0488   SP = 0190   BP = 03E8   SI = 0000   DI = 0000
DS = 1440   ES = 1440   SS = 1427   CS = 148C   IP = 0045   NV UP EI PL ZR NA PE NC
148C:0045 E86100            CALL 00A9      ;调用 time 子程序,显示时间
-t  ;进入 time 子程序,显示时间

AX = 0174   BX = 004E   CX = 0001   DX = 0488   SP = 018E   BP = 03E8   SI = 0000   DI = 0000
DS = 1440   ES = 1440   SS = 1427   CS = 148C   IP = 00A9   NV UP EI PL ZR NA PE NC
148C:00A9 BE0000            MOV SI,0000

;调试到此处,发现 time 子程序的代码地址找不到了,利用上一步的地址 00A9 继续汇编
-u a0

148C:00A0 E95DFF            JMP     0000
148C:00A3 B8004C            MOV     AX,4C00
148C:00A6 CD21              INT     21
148C:00A8 C3                RET
```

```
148C:00A9 BE0000        MOV    SI,0000 ;time 入口地址
148C:00AC BB6400        MOV    BX,0064
148C:00AF F6F3          DIV    BL
148C:00B1 B42C          MOV    AH,2C
148C:00B3 CD21          INT    21
148C:00B5 8AC5          MOV    AL,CH
148C:00B7 E84000        CALL   00FA
148C:00BA 46            INC    SI
148C:00BB 8AC1          MOV    AL,CL
148C:00BD E83A00        CALL   00FA
-u

148C:00C0 46            INC    SI
148C:00C1 8AC6          MOV    AL,DH
148C:00C3 E83400        CALL   00FA
148C:00C6 BD6004        MOV    BP,0460
148C:00C9 BA0D0C        MOV    DX,0C0D
148C:00CC B91400        MOV    CX,0014
148C:00CF BB4E00        MOV    BX,004E
148C:00D2 B80113        MOV    AX,1301
148C:00D5 CD10          INT    10
148C:00D7 B402          MOV    AH,02
148C:00D9 BA0003        MOV    DX,0300
148C:00DC B700          MOV    BH,00
148C:00DE CD10          INT    10
-u

148C:00E0 BB1800        MOV    BX,0018
148C:00E3 B9FFFF        MOV    CX,FFFF
148C:00E6 E2FE          LOOP   00E6
148C:00E8 4B            DEC    BX
148C:00E9 75F8          JNZ    00E3
148C:00EB B401          MOV    AH,01
148C:00ED CD16          INT    16
148C:00EF 74B8          JZ     00A9
148C:00F1 E90CFF        JMP    0000
148C:00F4 B8004C        MOV    AX,4C00
148C:00F7 CD21          INT    21
148C:00F9 C3            RET
148C:00FA 53            PUSH   BX
148C:00FB 98            CBW
148C:00FC B30A          MOV    BL,0A
148C:00FE F6F3          DIV    BL
```

```
-g b1  ;进入 time 子程序,取出系统时间存入 ch:cl 中

AX=4803  BX=0064  CX=0001  DX=0488  SP=018E  BP=03E8  SI=0000  DI=0000
DS=1440  ES=1440  SS=1427  CS=148C  IP=00B1  NV UP EI PL ZR NA PE NC
148C:00B1 B42C          MOV AH,2C
-t

AX=2C03  BX=0064  CX=0001  DX=0488  SP=018E  BP=03E8  SI=0000  DI=0000
DS=1440  ES=1440  SS=1427  CS=148C  IP=00B3  NV UP EI PL ZR NA PE NC
148C:00B3 CD21          INT 21
-g b5

AX=2C00  BX=0064  CX=0D21  DX=0A0B  SP=018E  BP=03E8  SI=0000  DI=0000
DS=1440  ES=1440  SS=1427  CS=148C  IP=00B5  NV UP EI PL ZR NA PE NC
148C:00B5 8AC5          MOV AL,CH
;cx=0d21,转换为时间的显示,就是 13:33,秒存入 dh 中,即 0AH 秒
-t

AX=2C0D  BX=0064  CX=0D21  DX=080B  SP=018E  BP=03E8  SI=0000  DI=0000
DS=1440  ES=1440  SS=1427  CS=148C  IP=00B7  NV UP EI PL ZR NA PE NC
148C:00B7 E84000        CALL 00FA     ;将小时 ch 的数值转换成 ASCII 码字符
-t

AX=2C0D  BX=0064  CX=0D21  DX=080B  SP=018C  BP=03E8  SI=0000  DI=0000
DS=1440  ES=1440  SS=1427  CS=148C  IP=00FA  NV UP EI PL ZR NA PE NC
148C:00FA 53            PUSH BX
-g bb  ;显示分钟的数值

AX=3331  BX=0064  CX=0D21  DX=080B  SP=018E  BP=03E8  SI=0003  DI=0000
DS=1440  ES=1440  SS=1427  CS=148C  IP=00BB  NV UP EI PL NZ NA PE NC
148C:00BB 8AC1          MOV AL,CL
-t

AX=3321  BX=0064  CX=0D21  DX=080B  SP=018E  BP=03E8  SI=0003  DI=0000
DS=1440  ES=1440  SS=1427  CS=148C  IP=00BD  NV UP EI PL NZ NA PE NC
148C:00BD E83A00        CALL 00FA    ;将分钟数 cl 转换成 ASCII 码字符
-t

AX=3321  BX=0064  CX=0D21  DX=080B  SP=018C  BP=03E8  SI=0003  DI=0000
DS=1440  ES=1440  SS=1427  CS=148C  IP=00FA  NV UP EI PL NZ NA PE NC
148C:00FA 53            PUSH BX
-g c1  ;显示秒的数值
```

```
AX = 3333   BX = 0064   CX = 0D21   DX = 080B   SP = 018E   BP = 03E8   SI = 0006   DI = 0000
DS = 1440   ES = 1440   SS = 1427   CS = 148C   IP = 00C1   NV UP EI PL NZ NA PE NC
148C:00C1 8AC6          MOV AL,DH
-t

AX = 3308   BX = 0064   CX = 0D21   DX = 080B   SP = 018E   BP = 03E8   SI = 0006   DI = 0000
DS = 1440   ES = 1440   SS = 1427   CS = 148C   IP = 00C3   NV UP EI PL NZ NA PE NC
148C:00C3 E83400        CALL 00FA  ;将秒的数值dh转换成ASCII码字符
-t

AX = 3308   BX = 0064   CX = 0D21   DX = 080B   SP = 018C   BP = 03E8   SI = 0006   DI = 0000
DS = 1440   ES = 1440   SS = 1427   CS = 148C   IP = 00FA   NV UP EI PL NZ NA PE NC
148C:00FA 53            PUSH BX
-g d7

AX = 0020   BX = 004E   CX = 0001   DX = 0C21   SP = 018E   BP = 0460   SI = 0008   DI = 0000
DS = 1440   ES = 1440   SS = 1427   CS = 148C   IP = 00D7   NV UP EI PL NZ NA PO NC
148C:00D7 B402          MOV AH,02
;运行结果如图2-6所示
```

图2-6　系统时间的显示

```
;接下来继续输入显示日期的指令,程序返回到主程序
-g 3a

please input date(d) or time(t) or quit(q): d
;输入了字符'd',下面单步执行,查看系统判断是否正确
```

```
AX=0164  BX=004E  CX=0001  DX=0488  SP=018E  BP=03E8  SI=0008  DI=0000
DS=1440  ES=1440  SS=1427  CS=148C  IP=003A  NV UP EI NG NZ NA PO NC
148C:003A 3C64          CMP AL,64
-t

AX=0164  BX=004E  CX=0001  DX=0488  SP=018E  BP=03E8  SI=0008  DI=0000
DS=1440  ES=1440  SS=1427  CS=148C  IP=003C  NV UP EI PL ZR NA PE NC
148C:003C 7503          JNZ 0041
-t

AX=0164  BX=004E  CX=0001  DX=0488  SP=018E  BP=03E8  SI=0008  DI=0000
DS=1440  ES=1440  SS=1427  CS=148C  IP=003E  NV UP EI PL ZR NA PE NC
148C:003E E81000        CALL 0051   ;调用 date 子程序取出系统日期
-t

AX=0164  BX=004E  CX=0001  DX=0488  SP=018C  BP=03E8  SI=0008  DI=0000
DS=1440  ES=1440  SS=1427  CS=148C  IP=0051  NV UP EI PL ZR NA PE NC
148C:0051 B42A          MOV  AH,2A
-g 55
;取日期,CX: 年,DH:月,DL:日

AX=2A06  BX=004E  CX=07E1  DX=060A  SP=018C  BP=03E8  SI=0008  DI=0000
DS=1440  ES=1440  SS=1427  CS=148C  IP=0055  NV UP EI PL ZR NA PE NC
148C:0055 BE0000        MOV SI,0000
;年份存入 ax,本例测试的是 2017 年 6 月 10 日星期六
;ax/100,取出前两位数字 20 放在 al 中,后两位数字 17 放在 ah 中
-g 5f

AX=1114  BX=0064  CX=07E1  DX=060A  SP=018C  BP=03E8  SI=0000  DI=0000
DS=1440  ES=1440  SS=1427  CS=148C  IP=005F  NV UP EI PL ZR NA PE NC
148C:005F 8ADC          MOV BL,AH
-t

AX=1114  BX=0011  CX=07E1  DX=060A  SP=018C  BP=03E8  SI=0000  DI=0000
DS=1440  ES=1440  SS=1427  CS=148C  IP=0061  NV UP EI PL ZR NA PE NC
148C:0061 E8AD00        CALL 0111
;调用子程序 bcdasc1,把年份的前两位数字 al 转换成相应的 ASCII 码字符
-t

AX=1114  BX=0011  CX=07E1  DX=060A  SP=018A  BP=03E8  SI=0000  DI=0000
DS=1440  ES=1440  SS=1427  CS=148C  IP=0111  NV UP EI PL ZR NA PE NC
148C:0111 53            PUSH BX
-g 64
```

```
AX = 3032  BX = 0011  CX = 07E1  DX = 060A  SP = 018C  BP = 03E8  SI = 0002  DI = 0000
DS = 1440  ES = 1440  SS = 1427  CS = 148C  IP = 0064  NV UP EI PL NZ NA PO NC
148C:0064 8AC3          MOV AL,BL
-t
;年份的后两位数字 ah 转换成相应的 ASCII 码字符
AX = 3011  BX = 0011  CX = 07E1  DX = 060A  SP = 018C  BP = 03E8  SI = 0002  DI = 0000
DS = 1440  ES = 1440  SS = 1427  CS = 148C  IP = 0066  NV UP EI PL NZ NA PO NC
148C:0066 E8A800        CALL 0111

-g 6a
AX = 3731  BX = 0011  CX = 07E1  DX = 060A  SP = 018C  BP = 03E8  SI = 0005  DI = 0000
DS = 1440  ES = 1440  SS = 1427  CS = 148C  IP = 006A  NV UP EI PL NZ NA PE NC
148C:006A 8AC6          MOV AL,DH
-t
;月份的两位数 dh 转换成相应的 ASCII 码字符

AX = 3706  BX = 0011  CX = 07E1  DX = 060A  SP = 018C  BP = 03E8  SI = 0005  DI = 0000
DS = 1440  ES = 1440  SS = 1427  CS = 148C  IP = 006C  NV UP EI PL NZ NA PE NC
148C:006C E8A200        CALL 0111
-t

AX = 3706  BX = 0011  CX = 07E1  DX = 060A  SP = 018A  BP = 03E8  SI = 0005  DI = 0000
DS = 1440  ES = 1440  SS = 1427  CS = 148C  IP = 0111  NV UP EI PL NZ NA PE NC
148C:0111 53            PUSH BX
-g 70

AX = 3630  BX = 0011  CX = 07E1  DX = 060A  SP = 018C  BP = 03E8  SI = 0008  DI = 0000
DS = 1440  ES = 1440  SS = 1427  CS = 148C  IP = 0070  NV UP EI PL NZ NA PO NC
148C:0070 8AC2          MOV AL,DL
-t
;日期的两位数字 dl 转换成相应的 ASCII 码字符

AX = 360A  BX = 0011  CX = 07E1  DX = 060A  SP = 018C  BP = 03E8  SI = 0008  DI = 0000
DS = 1440  ES = 1440  SS = 1427  CS = 148C  IP = 0072  NV UP EI PL NZ NA PO NC
148C:0072 E89C00        CALL 0111

-g 86
;显示 es:bp 中的字符串
;把转换好的日期显示在屏幕上指定区域,运行结果如图 2-7 所示
AX = 0020  BX = 004E  CX = 0001  DX = 0C21  SP = 018C  BP = 0474  SI = 000A  DI = 0000
DS = 1440  ES = 1440  SS = 1427  CS = 148C  IP = 0086  NV UP EI PL NZ NA PE NC
148C:0086 B402          MOV AH,02
```

图 2-7 显示系统日期

```
-t

AX=0220  BX=004E  CX=0001  DX=0C21  SP=018C  BP=0474  SI=000A  DI=0000
DS=1440  ES=1440  SS=1427  CS=148C  IP=0088  NV UP EI PL NZ NA PE NC
148C:0088 BA0003        MOV DX,0300

;继续返回主程序运行
-g 3a

please input date(d) or time(t) or quit(q): q
AX=0171  BX=004E  CX=0001  DX=0488  SP=018C  BP=03E8  SI=000A  DI=0000
DS=1440  ES=1440  SS=1427  CS=148C  IP=003A  NV UP EI NG NZ AC PO NC
148C:003A 3C64          CMP AL,64
;这次输入的字符是'q',下面单步运行,查看程序的运行流程

-g 48

AX=0171  BX=004E  CX=0001  DX=0488  SP=018C  BP=03E8  SI=000A  DI=0000
DS=1440  ES=1440  SS=1427  CS=148C  IP=0048  NV UP EI NG NZ AC PO CY
148C:0048 3C71          CMP AL,71
-t

AX=0171  BX=004E  CX=0001  DX=0488  SP=018C  BP=03E8  SI=000A  DI=0000
DS=1440  ES=1440  SS=1427  CS=148C  IP=004A  NV UP EI PL ZR NA PE NC
148C:004A 75B4          JNZ 0000
```

```
;输入的字符在 al 寄存器中,与判断的 71H 相等,所以退出程序
-t

AX=0171  BX=004E  CX=0001  DX=0488  SP=018C  BP=03E8  SI=000A  DI=0000
DS=1440  ES=1440  SS=1427  CS=148C  IP=004C  NV UP EI PL ZR NA PE NC
148C:004C B8004C        MOV AX,4C00
-q
```

三、实验心得

写出在 debug 状态下编写、运行程序的过程以及调试中遇到的问题是如何解决的,并对调试过程中的问题进行分析,对运行结果进行分析。

第3章 主教材课后习题答案

习题 1

1-1　有如下的数据段定义,写出内存单元中的数据存放形式。

```
DATA SEGMENT
    ORG 100H
    VAL DW 345BH
    DATA_BYTE    DB    12,3AH
    DATA_WORD    DW    21, $ +5, -5
    DATA_DW      DD    3 * 8, 04030201H
    MESSAGE      dw    'AB'
    DATA1        DB    1,2H
    EXPR         DW    1,2
    STR          DB    'WELCOM!'
    S1           DW    'AB'
    S2           DD    'AB'
    OFFAB        DW    S1
DATA ENDS
```

解答:

具体的存放形式如表 3-1 所示。

表 3-1　内存单元中的内容及地址

存储单元	内存中的内容(十六进制)	偏移地址
VAL	5B	0100
	34	0101
DATA_BYTE	0C	0102
	3A	0103

续表

存储单元	内存中的内容(十六进制)	偏移地址
DATA_WORD	15	0104
	00	0105
	0B	0106
	01	0107
	FB	0108
	FF	0109
DATA_DW	18	010A
	00	010B
	00	010C
	00	010D
	01	010E
	02	010F
	03	0110
	04	0111
MESSAGE	42	0112
	41	0113
DATA1	01	0114
	02	0115
EXPR	01	0116
	00	0117
	02	0118
	00	0119
STR	57	011A
	45	011B
	4C	011C
	43	011D
	4F	011E
	4D	011F
	21	0120
S1	42	0121
	41	0122
S2	42	0123
	41	0124
	00	0125
	00	0126
OFFAB	21	0127
	01	0128
	00	0129
	00	012A

1-2 有符号定义语句如下，问 L 的值是多少？

```
BUF DB 1,2,3,'123'
EBU DB 0
L EQU EBU - BUF
```

解答：L 的值是存储单元 EBU 和 EUF 地址的差，也就是存储单元 EUF 的存储单元的大小，共 6 字节，所以 L 的值是 6。

1-3 有如下的数据定义，各条指令单独执行后，各寄存器的内容是什么？

```
a DB ?
b dw 30 dup('b')
c db 'ABCD'
```

(1) mov ax, type a

(2) mov ax, type b

(3) mov cx,length b

(4) mov dx, size b

(5) mov cx, size c

解答：

(1) mov ax, type a (ax) = 1

(2) mov ax, type b (ax) = 2

(3) mov cx,length b (cx) = 30

(4) mov dx, size b (dx) = 60

(5) mov cx, size c (cx)= 4

1-4 下列哪些指令需要添加 ptr 伪操作？

数据段定义如下：

```
adt db 10h,20h
bdt dw 1234h
```

(1) mov al, adt

(2) mov dl, [bx]

(3) sub [bx],2

(4) mov cl, bdt

(5) add al, adt + 1

解答：因为存储单元 adt 是以字节类型定义的，所以在存取该变量时，一次取出一个字节的数据；存储单元 bdt 是以字类型定义的，所以在存取该变量时，一次取出一个字的数据。

(1) mov al, adt al 可以存放一个字节的数据，adt 是以字节类型存储的，所以在该指令中，源操作数和目的操作数的类型一致，不需要添加 ptr。

(2) mov dl, [bx] 在该指令中，bx 存放的是操作数的地址，由于不知道该地址是以字节的形式存放数据的还是以字的形式存放数据的，所以，该指令需要添加 ptr 以明确数据存取类型。应写为 mov dl, byte ptr [bx]。

(3) sub [bx],2　该指令是从地址为 bx 的存储单元中取出数据，减去 2，然后再存放入 bx 单元，立即数 2 可以自动转为 bx 单元中的数据类型，所以不需要添加 ptr。

(4) mov cl, bdt　cl 是 cx 寄存器的低 8 位，是一个字节单元，bdt 是一个字单元，类型不一致，需要添加 ptr，使数据大小一致。所以指令应改为 mov cx, bdt。

(5) add al, adt + 1　al 是 ax 寄存器的低 8 位，是一个字节单元，adt 是以字节类型的存储单元，数据类型一致，不需要添加 ptr。

习题 2

2-1　把一个 8 位的数据存入 AX 寄存器，如果只用 8 位的寄存器来表示，可以有几种表示方法？如果放入 CX 寄存器，有几种表示方法？

解答：在 AX 寄存器中，存储 8 位数据，可以存在 AL 或 AH 中；在 CX 寄存器中，存储 8 位数据，可以存在 CL 或 CH 中；所以，各有两种表示方法。

2-2　写出下列指令的物理地址，假设数据段 DS 的地址为 3000H，变量 VAL 的值为 0100，BX 寄存器的值为 1000H。

(1) MOV AX,[2000]

(2) MOV AX,BX

(3) MOV AX,VAL

解答：在该题的 3 个指令中，默认的段地址都是存放在 DS 寄存器中，有效地址都在指令中直接计算。

(1) MOV AX,[2000]　物理地址＝段地址 * 16＋偏移地址＝30000＋2000＝32000H。

(2) MOV AX,BX　物理地址＝段地址 * 16＋偏移地址＝30000＋1000＝31000H。

(3) MOV AX,VAL　物理地址＝段地址 * 16＋偏移地址＝30000＋0100＝30100H。

2-3　有如下的数据段定义，假设段地址为 13EB，偏移地址从 0 开始，写出存储单元的地址和内容。

```
a      DB     19,2AH
b      DW     2 * 8 + 7
s1      DB     'abcd!'
s2      DB     '1234'
```

解答：存储单元 a 以字节形式存放 2 个整数 19 和 2AH，先把 19 转换为十六进制 13H，存放在低地址中，再把 2AH 存放第一个字节中。

存储单元 b 以字类型定义，所以 2 * 8＋7＝23，转换为十六进制数是 17H，以字形式存储就是 0017H，所以，高字节存放 00H，低字节存放 17H；

存储单元 s1 以字节类型定义，每个字符占一个字节，在内存中存放该字符的 ASCII 值。字符 a 的 ASCII 值是 97，对应的十六进制数是 61H，其他以此类推。

存储单元 s2 以字节类型定义，每个字符占据一个字节，字符'1'的 ASCII 值是 31H，其他的以此类推。

具体内容和地址的对应关系如表 3-2 所示。

表 3-2 内存单元的内容和地址

内存单元内容	内存单元地址
13	13EB:0000
2A	13EB:0001
17	13EB:0002
00	13EB:0003
61 a	13EB:0004
62 b	13EB:0005
63 c	13EB:0006
64 d	13EB:0007
21 !	13EB:0008
31 1	13EB:0009
32 2	13EB:000A
33 3	13EB:000B
34 4	13EB:000C

习题 3

3-1 指出下列各种操作数的寻址方式。

(1) [BX] (2) SI

(3) 435H (4) [BP+DI+123]

(5) [23] (6) data (data 是一个内存变量名)

(7) [DI+32] (8) [BX+SI]

(9) [EAX+90] (10) [BP+4]

解答：(1) [BX] 寄存器间接寻址 (2) VAL[SI] 直接变址寻址

(3) 435H 立即数寻址 (4) [BP+DI+123] 相对基址变址寻址

(5) [23] 直接寻址 (6) data (data 是一个内存变量名)直接寻址

(7) [DI+32] 寄存器相对寻址 (8) [BX+SI] 基址变址寻址

(9) [EAX+90] 寄存器相对寻址 (10) [BP+4] 基址相对寻址

3-2 已知寄存器 BX、DI 和 BP 的值分别为 1234H、012F0H 和 42H，试分别计算下列各操作数的有效地址。

(1) [BX] (2) [DI+123H]
(3) [BP+DI] (4) [BX+DI+200H]
(5) [1234H] (6) [BX*2+345H]

解答：已知寄存器 BX、DI 和 BP 的值分别为 1234H、012F0H 和 42H。

(1) [BX] 有效地址 EA=1234H
(2) [DI+123H] 有效地址 EA=12F0+123=1323H
(3) [BP+DI] 有效地址 EA=42+12F0=1242H
(4) [BX+DI+200H] 有效地址 EA=1234+12F0+200=2634H
(5) [1234H] 有效地址 EA=1234H
(6) [BX*2+345H] 有效地址 EA=1234*2+345=27ADH

3-3 假定 DS=1123H，SS=1400H，BX=0200H，BP=1050H，DI=0400H，SI=0500H，LIST 的偏移量为 250H，试确定下面各指令访问内存单元的地址。

(1) MOV AL, [1234H] (2) MOV AX, [BX]
(3) MOV [DI], AL (4) MOV [2000H], AL
(5) MOV AL, [BP+DI] (6) MOV CX, [DI]
(7) MOV EDX, [BP] (8) MOV LIST[SI], EDX
(9) MOV CL, LIST[BX+SI] (10) MOV CH, [BX+SI]
(11) MOV EAX, [BP+200H] (12) MOV AL, [BP+SI+200H]
(13) MOV AL, [SI-0100H] (14) MOV BX, [BX+4]

解答：

(1) MOV AL, [1234H]
PA = 11230 + 1234 = 12464H

(2) MOV AX, [BX]
PA = 11230 + 0200 = 11430H

(3) MOV [DI], AL
PA = 11230 + 0400 = 11630H

(4) MOV [2000H], AL
PA = 11230 + 2000 = 13230H

(5) MOV AL, [BP+DI]
PA=11230+1050+0400=12680H

(6) MOV CX, [DI]
PA= 11230 + 0400 = 11630H

(7) MOV EDX, [BP]
PA= 11230+1050 = 12280H

(8) MOV LIST[SI], EDX
PA = 11230 + 250+0500 = 11980H

(9) MOV CL, LIST[BX+SI]
PA = 11230 + 250+0200+0500 =11B80H

(10) MOV CH, [BX+SI]
PA= 11230+0200+0500 =11930H

(11) MOV EAX, [BP+200H]
PA= 11230+1050+200=12480H

(12) MOV AL, [BP+SI+200H]
PA = 11230 + 1050+0500+200 =12980H

(13) MOV AL, [SI+0100H]
PA= 11230+0500 + 0100 =11830

(14) MOV BX, [BX+4]
PA= 11230+0200+4=11434H

3-4　按下列要求编写指令序列。

(1) 清除 DH 中的最低 3 位而不改变其他位,结果存入 BH 中。

(2) 把 DI 中的最高 5 位置 1 而不改变其他位。

(3) 把 AX 中的 0～3 位置 1,7～9 位取反,13～15 位置 0。

(4) 检查 BX 中的第 2、第 5 和第 9 位中是否有一位为 1。

(5) 检查 CX 中的第 1、第 6 和第 11 位中是否同时为 1。

(6) 检查 AX 中的第 0、第 2、第 9 和第 13 位中是否有一位为 0。

(7) 检查 DX 中的第 1、第 4、第 11 和第 14 位中是否同时为 0。

解答:(1) AND DH,1000B　MOV BH,DH

(2) OR DI,1111 1000 B

(3) OR AX,0001H　XOR AX,0380H(011 1000 0000B)　AND AX, 1FFFH

(4) TEST　BX, 0224H (01000100100B)　JNZ HAVE1　(如果 ZF=0 则表示至少有一位为 1)

(5) AND CX,0842H(0100001000010B)　CMP CX,0842H　JZ ALLIS1(如果与运算后结果为 0842,说明第 1、第 6 和第 11 位中同时为 1)

(6) AND AX,2205H(0010001000000101B) CMP AX,2205H　JNZ HAVE0(如果与运算后 AX 为 2205H,说明第 0、第 2、第 9 和第 13 位全部为 1;如果不等于 2205H,则说明至少一位为 0)

(7) TEST DX,4812H(0010010000001001 0B) JZ HAVE0(测试运算即与以后,如果 ZF 为 1 说明测试结果为 0,也即所有这些测试位第 1、第 4、第 11 和第 14 位中同时为 0)

TEST 指令常用于测试操作数中某位是否为 1,而且不会影响目的操作数。如果测试某位的状态,对某位进行逻辑与 1 的运算,其他位逻辑与 0,然后判断标志位。运算结果为 0,ZF=1,表示被测试位为 0;否则 ZF=0,表示被测试位为 1。

TEST 指令影响的标志位为 SF、ZF、PF,并且使 OF=CF=0。

3-5　选择适当的指令实现下列功能。

(1) 右移 DI 3 位,并把 0 移入最高位。

(2) 把 AL 左移一位,使 0 移入最低一位。

(3) AL 循环左移 3 位。

(4) EDX 带进位位循环右移 4 位。

(5) DX 右移 6 位,且移位前后的正负性质不变。

解答:

(1) 右移 DI 3 位,并把 0 移入最高位　　MOV CL,3　SHR DI,CL

(2) 把 AL 左移一位,使 0 移入最低一位　　SAL AL,1

(3) AL 循环左移 3 位　　MOV CL,3　ROL AL,CL

(4) EDX带进位位循环右移4位　　　　MOV CL,4　RCR　EDX,CL

(5) DX右移6位,且移位前后的正负性质不变　MOV CL,6　SAR　DX,CL

3-6　假设(DS)=2000H,(BX)=0100H,(SI)=0002H,(20100)=12H,(20101)=34H,(20102)=56H,(20103)=78H,(21200)=2AH,(21201)=4CH,(21202)=B7H,(21203)=65H,试写出下列各指令执行完后AX寄存器的内容。

(1) MOV　AX,1200H　　　　(2) MOV　AX,BX

(3) MOV　AX,[1200H]　　　(4) MOV　AX,[BX]

(5) MOV　AX,1100[BX]　　(6) MOV　AX,[BX][SI]

(7) MOV　AX,1100[BX][SI]

解答:

(1) MOV　AX,1200H　　(AX)=1200H

(2) MOV　AX,BX　　(AX)=0100H

(3) MOV　AX,[1200H]　PA=20000+1200=21200　(AX)=4C2AH

(4) MOV　AX,[BX]　　PA=20000+0100=20100(AX)=3412H

(5) MOV　AX,1100[BX]　PA=20000+1100+0100=21200H　(AX)=4C2AH

(6) MOV　AX,[BX][SI]　PA=20000+0100+0002=20102　(AX)=7856H

(7) MOV　AX,1100[BX][SI]　PA =20000+1100+0100+0002=21202H(AX)=65B7H

3-7　变量datax和datay的定义如下:

```
datax dw 0148h
      dw 2316h
datay dw 0237h
      dw 4052h
```

请按下列要求写出指令序列:

(1) datax和datay两个字数据相加,和存放在datay单元中。

(2) datax和datay两个双字数据相加,和存放在datay开始的字单元中。

(3) datax和datay两个字数据相乘,积存放在datay开始的单元中。

(4) datax和datay两个双字数据相加,积存放在datay开始的单元中。

(5) datax和datay两个字数据相除。

(6) datax双字和datay字数据相除。

解答:

(1)
```
mov ax,datax
mov dx,datax + 2
add datay, ax
adc datay + 2 , dx
```

(2)
```
mov eax, datax
add datay, eax
```

(3)
```
mov ax,datax
mov dx,datax + 2
imul ax, datay
imul datay+2 , dx
mov datay, ax
```

(4)
```
mov eax,datax
imul datay,eax
```

(5)
```
mov ax, datax
mov dx, datax + 2
div ax, datay
div dx, datay + 2
```

(6)
```
mov eax, datax
mov edx, 0
div datay
```

3-8 假定(DX)=0B9H,(CL)=3,(CF)=1,下列各指令单独执行后DX的值是多少?

(1) SHR DX,1　　(2) SAR DX,CL
(3) SHL DX,1　　(4) ROR DX,CL
(5) ROL DX,CL　　(6) RCL DX,CL

解答:

(1) SHR DX,1 (DX)=5CH　　(2) SAR DX,CL (DX)=17H
(3) SHL DX,1 (DX)=0172H　　(4) ROR DX,CL (DX)=2017H
(5) ROL DX,CL (DX)=05C8H　　(6) RCL DX,CL (DX)=05C8H

3-9 假定AX和BX中的内容为带符号数,CX和DX中的内容为无符号数,请用比较指令和条件转移指令实现以下功能。

(1) 若DX的内容超过CX的内容,则转到J1处执行。
(2) 若BX的内容大于AX的内容,则转到J2处执行。
(3) 若CX的内容等于0,则转到J3处执行。
(4) 若BX的内容小于AX的内容,则转到J4处执行。
(5) 若DX的内容低于CX的内容,则转到J5处执行。

解答:

(1) 若DX的内容超过CX的内容,则转到J1处执行　cmp dx, cx　ja J1
(2) 若BX的内容大于AX的内容,则转到J2处执行　cmp bx, ax　jg J2
(3) 若CX的内容等于0,则转到J3处执行　cmp cx, 0　je J3
(4) 若BX的内容小于AX的内容,则转到J4处执行　cmp bx, ax　jl J4
(5) 若DX的内容低于CX的内容,则转到J5处执行　cmp dx,cx　jb J5

习题4

答案在sourceasm文件夹中,源程序依次为test41.asm、test42.asm、test43.asm、test44.asm、test45.asm、test46.asm、test47.asm。

4-1　从键盘输入一个小写字母，把它转换成大写字母并输出。

```
;test41.asm
datarea segment
     mess1     db   'Please input letter:',13,10,'$'
     mess2     db   'Please input again:',13,10,'$'
datarea ends
program segment
main      proc      far
          assume cs:program,ds:datarea
start:
          push      ds
          sub       ax,ax
          push      ax
          mov       ax,datarea
          mov       ds,ax
          lea       dx,mess1
          mov       ah,09
          int       21h
input:
          mov       ah,07
          int       21h
          cmp       al,61h
          jb        again
          cmp       al,7Ah
          ja        again
          sub       al,20h
          mov       dl,al
          mov       ah,02
          int       21h
          jmp       short exit
again:
          lea       dx,mess2
          mov       ah,09
          int       21h
          jmp       short input
exit:     ret
main      endp
program   ends
          end       start
```

4-2　数据区中存有一个字符串，从键盘输入一个字母，找出它在字符串中的前导和后续字母，并输出这些字母。

```
;test42.asm
datarea segment
  string        db     'chinasdujlp'
datarea ends
prognam segment
main     proc     far
         assume cs:prognam,ds:datarea,es:datarea
start:
         push     ds
         sub      ax,ax
         push     ax
mov      ax,datarea
         mov      ds,ax
         mov      es,ax
input:
         mov      ah,01
         int      21h
         mov      cx,11
         lea      di,string
         cld
         repnz    scasb
         jz       find
         jmp      input
find:
         sub      di,2
         mov      cx,3
lop:
         mov      dl,[di]
         mov      ah,02
         int      21h
         inc      di
         dec      cx
         jz       exit
         jmp      short lop
exit:
         ret
main     endp
prognam  ends
         end      start
```

4-3　在存储单元中存放着10个字数据，找出该数组中的最小的偶数，把它存放在AX寄存器中。

```
;test43.asm
```

```
datarea segment
  data dw 1,2,3,4,5,6,7,8,9,10
datarea ends
prognam segment
main      proc      far
  assume cs:prognam,ds:datarea
start:
          push      ds
          sub       ax,ax
          push      ax
          mov       ax,datarea
          mov       ds,ax

          mov       ch,2
          mov       cl,10
          mov       bx,14
          lea       si,data
again:
          dec       cl
          mov       dx,[si]
          mov       ax,[si]
          div       ch
          cmp       ah,0
          jz        next
          add       si,2
          cmp       cl,0
          jz        exit
          jmp       again
next:
          add       si,2
          cmp       dx,bx
          ja        A
          mov       bx,dx
A:        cmp       cl,0
          jz        exit
          jmp       again
exit:
          add       bl,30h
          mov       dl,bl
          mov       ah,02
          int       21h
          mov       ax,bx
          ret
```

```
main     endp
prognam  ends
         end      start
```

4-4　在存储单元中存放着20个字数据，将该数组分成两组：一组存放正数；另一组存放负数，并把这两个数组中元素的个数用十六进制显示。

```
;test44.asm
  datarea segment
     M     db
-3,-2,-1,-8,-5,0,-9,-23,-100,-52,-1,-19,-18,-3,32,-4,-6,-17,
11,24
     P     db 20 dup(?)
     N     db 20 dup(?)
     len   db offset P
  datarea ends
  prognam segment
  main   proc     far
    assume cs:prognam,ds:datarea
    start:
        push    ds
        sub     ax,ax
        push    ax
        mov     ax,datarea
        mov     ds,ax

        mov     cx,word ptr len
        mov     di,0
        mov     si,0
        mov     bx,0
    again:
        cmp     M[bx],0
        jl      less
    greater:
        mov     ah,M[bx]
        mov     P[di],ah
        inc     di
        jmp     next
     less:
        mov     al,M[bx]
        mov     N[si],al
        inc     si
     next:
        inc     bx
```

```
        cmp     bx,cx
        jl      again

        mov bx,di
        call disply
        mov bx,si
        call disply

        ret
    main endp

    disply proc near
    mov ch,4
        rotat:
        mov cl,4
        rol bx,cl
        mov al,bl
        and al,0fh
        add al,30h
        cmp al,3ah
        jl print
        add al,7h

print:
        mov dl,al
        mov ah,2
        int 21h

        dec ch
        jnz rotat

        ret

    disply endp

     prognam ends
       end     start
```

4-5 假设已经编写好5首歌曲程序,它们的段地址和偏移地址存放在数据段的跳跃表中。编写程序,根据从键盘输入的歌曲编号,去执行不同的歌曲。

```
;test45.asm
branch segment
    song_tab   dw song1
```

```
                dw song2
                dw song3
                dw song4
                dw song5
branch ends

code segment
   main proc far
     assume cs:code, ds:branch
   start:
     push ds
     sub ax,ax
     push ax

     mov ax,branch
     mov ds,ax

     mov ah,1
     int 21h
     sub al,30h
     mov cl,type song_tab
     mul cl
     mov si, - 2
     add si,ax

     jmp song_tab[si]

song1:
     mov dl,'1'
     mov ah,2
     int 21h
     jmp exit

song2:
     mov dl,'2'
     mov ah,2
     int 21h

song3:
     mov dl,'3'
     mov ah,2
     int 21h
     jmp exit
```

```
song4:
     mov dl,'4'
     mov ah,2
     int 21h
     jmp exit

song5:
     mov dl,'5'
     mov ah,2
     int 21h

exit:
     ret
main endp
   code ends
      end start
```

4-6 将 AX 寄存器中的 16 位数分成 4 组，每组 4 位，然后把这 4 组数分别存放在 AL、BL、CL 和 DL 中。

```
;test46.asm
data segment
   store db 4 dup(?)
   m     dw 1234h
data ends

code segment
main proc far
  assume cs:code,ds:data
start:
  push ds
  xor ax,ax
  push ax

  mov ax,data
  mov ds,ax

begin:
  mov ax,m
  mov cl,4
  mov ch,4
  lea bx,store
a10:
```

```
  mov dx,ax
  and dx,0fh
  mov byte ptr[bx],dl
  inc bx
  shr ax,cl
  jnz a10
b10:
  mov dl,store
  mov cl,store+1
  mov bl,store+2
  mov al,store+3

exit:
  mov ax,4c00h
  int 21h
main endp
 code ends
    end start
```

4-7 从键盘输入一系列字符,以字符 $ 结束,对字符串中的非数字字符进行统计,并显示计数结果。

```
;test47.asm
dseg segment
   buff db 50 dup(' ')
   count dw 0
dseg ends
cseg segment
main proc far
   assume cs:cseg,ds:dseg
   start:
      push  ds
      sub   ax, ax
      push  ax

      mov   ax, dseg
      mov   ds, ax
  begin:
      lea   bx, buff
      mov   dx, 0
  input:
      mov   ah, 01
      int   21h
      mov   [bx],al
```

```
        inc     bx
        cmp     al,'$'
        jnz     input
        lea     bx, buff
next:
        mov     cl, [bx]
        inc     bx
        cmp     cl, '$'
        jz      disp
        cmp     cl, 30h
        jb      contnum
        cmp     cl, 39h
        jbe     next
contnum:
        inc     dx
        jmp     next


disp:
        mov     count,dx
        mov     bx,count
        mov     ch,4
rota:
        mov     cl,4
        rol     bx,cl
        mov     al,bl
        and     al,0fh
        add     al, 30h
        cmp     al, 39h
        jbe     dp
        add     bl,7h
dp:
        mov     dl, al
        mov     ah,2
        int     21h
        dec     ch
        jnz     rota

        ret
main endp
cseg ends
        end start
```

习题 5

答案在 sourceasm 文件夹中，源程序依次为 test51. asm、test52. asm、test53. asm、test54. asm、test55. asm、test56. asm、test57. asm。

5-1 有一首地址为 MEM 的 100 个字的字数组，请删除数组中元素为 0 的项，并将后续项向前压缩，最后将数组中的剩余部分补上 0。

```
;test51.asm
;test51.asm 用 pos 数组存储 men 中为 0 项的位置

data segment
   mem dw 2,34,0,1,56,90,0, - 8,0,12
data ends

extra segment
  pos dw 10 dup(?)
extra ends

stack segment
  dw 100h
stack ends

code segment
main proc far
  assume cs:code,ds:data,es:extra,ss:stack
start:
  push ds
  sub ax,ax
  push ax

  mov ax,data
  mov ds,ax
  mov ax,extra
  mov es,ax
  mov ax,stack
  mov ss,ax

  lea si,mem
  lea di,pos
L1:
  cmp word ptr [si],0
```

```
  jz cont
  add si,2
  cmp si,20
  jl L1
cont:
  mov es:[di],si
  mov cx,di
  add di,2
  add si,2
  cmp si,20
  jl L1

  lea di,pos
D0:
  mov bx,es:[di]
D1:
  push bx
  mov dx,[bx+2]
  sub bx,di
  mov [bx],dx
  pop bx
  add bx,2
  cmp bx,es:[di+2]
  jl D1
  add di,2
  cmp di,cx
  jl D0

cmplt:
  mov bx,20
  sub bx,cx
  cmp bx,0
  jl exit
  lea si,mem
st0:
  mov word ptr[si+bx],0
  add si,2
  cmp si,cx
  jl st0
exit:
  mov ax,4c00h
  int 21h
main endp
```

```
code ends
    end start
```

5-2 在首地址为 TABLE 的字数组中，按递增次序存放着 100H 个 16 位补码数，试编写程序，把出现次数最多的数及出现次数存放在 AX 和 CX 寄存器中。

```
;test52.asm
dataseg segment
   table dw 1h,3h,5h,7h,7h,11h,11h,11h,1ah
   len dw $
   data dw ?
   count dw 0
dataseg ends


code segment
main proc far
  assume cs:code,ds:dataseg,es:dataseg
start:
  push ds
  xor ax,ax
  push ax

  mov ax,dataseg
  mov ds,ax
  mov es,ax

begin:
  mov ax,len
  mov cl,1
  shr ax,cl
  mov len,ax
  mov bx,ax
  mov di,0
next:
  mov dx,0
  mov si,0
  mov ax,table[di]
  mov cx,len
comp:
  cmp table[si],ax
  jne addr
  inc dx
addr:
```

```
    add si,2
    loop comp
    cmp dx,count
    jle done
    mov count,dx
    mov data,ax
done:
    add di,2
    dec bx
    jnz next
    mov cx,count
    mov ax,data

exit:
    mov ax,4c00h
    int 21h
main endp
code ends
    end start
```

5-3　有一首地址为 DATA 的字数组中，存放了 100H 个 16 位的补码数，试编写程序，求出所有元素的平均值，放在 AX 寄存器中，求出数组中有多少个元素小于平均值，将结果存放在 BX 寄存器中。

```
;test53.asm
dataseg segment
    table dw 1h,3h,5h,7h,7h,11h,11h,11h,1ah
    len  dw  $
dataseg ends


code segment
main proc far
    assume cs:code,ds:dataseg,es:dataseg
start:
    push ds
    xor ax,ax
    push ax

    mov ax,dataseg
    mov ds,ax
    mov es,ax
```

```
begin:
  mov ax,len
  mov cl,1
  shr ax,cl
  mov len,ax
  mov cx,ax


  mov dx,0
  mov si,0
  mov ax,table[si]
  cwd
  dec cx
next:
  add si,2
  add ax,table[si]
  adc dx,0
  jo error
  loop next

  mov cx,len
  idiv cx
  mov bx,0
  mov si,0

comp:
  cmp ax,table[si]
  jle addr
  inc bx
addr:
  add si,2
  loop comp


exit:
  mov ax,4c00h
  int 21h
error:
  mov dl,'!'
  mov ah,02
  int 21h
   ret
main endp
```

```
code ends
    end start
```

5-4 根据用户输入的月份数,显示对应的英文名称。

```
;test54.asm
data segment
   three db 3
   mess db 'month?',13,10,'$'
   monin label byte
   max db 3
   act db ?
   mon db 3 dup(?)
   alfmon db '???',13,10,'$'
   montab db 'JAN', 'FEB', 'MAR', 'APR', 'MAY', 'JUN'
          db 'JUL', 'AUG', 'SEP', 'OCT', 'NOV', 'DEC'
data ends


code segment
main proc far
  assume cs:code,ds:data,es:data

  push ds
  sub ax,ax
  push ax

  mov ax,data
  mov ds,ax
  mov es,ax
start:
  lea dx,mess
  mov ah,09
  int 21h
  lea dx,monin
  mov ah,0ah
  int 21h
  mov dl,13
  mov ah,02
  int 21h
  mov dl,10
  mov ah,02
  int 21h
  cmp act,0
```

```
  je exit
  ;convert ASCII to binary
  mov ah,30h
  cmp act,2
  je two
  mov al,mon
  jmp conv
two:
  mov al,mon + 1
  mov ah,mon
conv:
  xor ax,3030h    ;clear ASCII 3's
  cmp ah,0        ;month 0 -- 9?
  jz loc          ;yes :bypass
  sub ah,ah       ;no: clear ah
  add al,10       ;correct for binary
loc:
  lea si,montab
  dec al
  mul three
  add si,ax
  mov cx,03
  cld
  lea di,alfmon
  rep movsb
;display alpha month
  lea dx,alfmon
  mov ah,09
  int 21h
  jmp start

exit:
  mov ax,4c00h
  int 21h
main endp
 code ends
    end main
```

5-5 表格查找。在仓库管理软件中，存储着有关库存品的编号、名称、数量、价格等相关信息，根据用户提供的编号可以找到有关资料。假设表格中共有 6 种库存品，表格的形式为：

```
stoktab db '03', 'excavators'
```

```
'04', 'lifters'
'05', 'tvsets'
'06', 'computers'
'09', 'presses'
'12', 'printers'
```

试编写程序，根据用户提供的编号在终端上显示相应的产品信息。

```
;test55.asm
data segment
   mess1 db 'stock number?',13,10,'$'
   stoknin label byte
   max db 3
   act db ?
   stokn db 3 dup(?)

   stoktab db '03', 'excavators '
           db '04', 'lifters '
           db '09', 'presses '
           db '12', 'computers '
           db '08', 'printers '
           db '25', 'pumps '
  descrn db 14 dup(20h),13,10,'$'
  mess db 'Not in stock table!','$'

data ends


code segment
main proc far
  assume cs:code,ds:data,es:data

  push ds
  sub ax,ax
  push ax

  mov ax,data
  mov ds,ax
  mov es,ax
start:
  lea dx,mess1
  mov ah,09h
  int 21h
  lea dx,stoknin
```

```
    mov ah,0ah
    int 21h
    mov dl,13
    mov ah,02
    int 21h
    mov dl,10
    mov ah,02
    int 21h
    cmp act,0
    je exit
    mov al,stokn
    mov ah,stokn+1
    mov cx,6
    lea si,stoktab
  a20:
    cmp ax,word ptr[si]
    je a30
    add si,14
    loop a20

    lea dx,mess
    mov ah,09h
    int 21h
    jmp exit
  a30:
    mov cx,07
    lea di,descrn
    rep movsw

    lea dx,descrn
    mov ah,09h
    int 21h
    jmp start

  exit:
    mov ax,4c00h
    int 21h
  main endp
   code ends
      end main
```

5-6　在 string 到 string+99 的存储单元中存放着一个字符串，试编写程序，测试该字符串中是否存在数字，如果有数字，则将 DL 的第 5 位置 1，否则将该位置 0。

```
;test56.asm
dataseg segment
        string db 'I am lp013'
dataseg ends
prognam segment
main    proc    far
        assume  cs:prognam,ds:dataseg
start:
        push    ds
        sub     ax,ax
        push    ax
        mov     ax,dataseg
        mov     ds,ax
        mov     ch,11
        mov     cl,0
        lea     si,string
next:
        dec     ch
        jz      exit
        mov     bx,[si]
        cmp     bl,30h
        jb      false
        cmp     bl,39h
        jna     true
false:
        inc     si
        jmp     next
true:
        or      cl,10h
exit:
        mov     dl,cl

        ret
main            endp
prognam ends
        end     start
```

5-7 设有两个数组 A 和 B，其数据均有 20 个，两数组中的数据都按照从小到大的顺序排序，现在将两个数组合并成一个数组 C，使数组 C 按照从小到大的顺序排序。

```
;test57.asm
data segment
   x dw 2,4,7,8,12,24,36
   y dw 1,2,4,6,9,15,17,25,46,56
```

```
   m dw offset y
   n dw offset m - offset y
   z dw 30 dup(?)
data ends

code segment
main proc far
  assume cs:code,ds:data
start:
  push ds
  sub ax,ax
  push ax

  mov ax,data
  mov ds,ax

  mov si,0
  mov di,0
  mov bx,0

all:
  cmp si,m
  jge L
  cmp di,n
  jge allx

  mov ax,x[si]
  cmp ax,y[di]
  jl insertx

inserty:
  mov dx,y[di]
  mov z[bx],dx
  add bx,2
  add di,2
  cmp di,n
  jl all
  jmp allx

insertx:
  mov dx,x[si]
  mov z[bx],dx
  add bx,2
```

```
  add si,2
  cmp si,m
  jl all
  jmp ally

allx:
  mov dx,x[si]
  mov z[bx],dx
  add bx,2
  add si,2
  cmp si,m
  jl allx
  jmp exit

L:
  cmp di,n
  jge exit

ally:
  mov dx,y[di]
  mov z[bx],dx
  add bx,2
  add di,2
  cmp di,n
  jl ally
  jmp exit

exit:
  mov ax,4c00h
  int 21h
main endp
code ends
    end start
```

习题 6

答案在 sourceasm 文件夹中,源程序依次为 test61.asm、test62.asm、test63.asm、test64.asm、test65.asm。

6-1　从键盘输入一个十六进制的正数,把它转换为十进制数并在屏幕上显示。

```
;test61.asm
```

```
decihex segment
       assume cs:decihex
main proc far
repeat:  call decibin
         call crlf
         call binihex
         call crlf
         cmp bx,0
         jnz repeat
         mov ax,4c00h
         int 21h
main endp

decibin proc near
         mov bx,0
newchar:
         mov ah,1
         int 21h
         sub al,30h
         jl exit
         cmp al,9d
         jg exit
         cbw

         xchg ax,bx
         mov cx,10d
         mul cx
         xchg ax,bx
         add bx,ax
         jmp newchar
exit:
         ret
decibin endp

binihex proc near
         mov ch,4
rotate:
         mov cl,4
         rol bx,cl
         mov al,bl
         and al,0fh
         add al,30h
         cmp al,3ah
```

```
        jl printit
        add al,7h
printit:
        mov dl,al
        mov ah,2
        int 21h
        dec ch
        jnz rotate
        ret
binihex endp

crlf proc near
        mov dl,0dh
        mov ah,2
        int 21h
        mov dl,0ah
        mov ah,2
        int 21h
        ret
crlf endp

decihex ends
        end main
```

6-2 在数据区中有10条信息,编号为0～9,每个信息包括30个字符,编写一个程序,根据键盘输入的编号,在屏幕上显示相应的信息。

```
;test62.asm
;test62.asm
datarea segment
    thirty    db  30
    msg0      db  'I like my IBM - PC             ',0dh,0ah
    msg1      db  '8088 programming is fun        ',13,10
    msg2      db  'Time to buy more diskettes     ',13,10
    msg3      db  'This program works             ',13,10
    msg4      db  'Turn off that printer          ',13,10
    msg5      db  'II have more memory than you   ',13,10
    msg6      db  'The PSP can be useful          ',13,10
    msg7      db  'BASIC was easier than this     ',13,10
    msg8      db  'DOS is indispensable           ',13,10
    msg9      db  'Last message of the day        ',13,10
    errmsg    db  'error!!! invalid parameter     ',13,10,'$'
    promptmsg db  'Please input an integer (0 - 9): ',13,10,'$'
datarea ends
```

```
stack segment
        db     256  dup(0)
tos     label  word
stack ends

prognam segment
main  proc  far
  assume cs:prognam,ds:datarea,ss:stack
start:
       mov ax,stack
       mov ss,ax
       mov sp,offset tos

       push ds
       sub ax,ax
       push ax

       mov ax,datarea
       mov ds,ax

       mov dx,offset msg0
       mov ah,9
       int 21h

begin:
       mov dx,offset promptmsg
       mov ah,9
       int 21h
       mov ah,1
       int 21h
       sub al,'0'
       jc error
       cmp al,9
       ja error
       mov bx,offset msg0
       mul thirty
       add bx,ax
       call display
       jmp begin
error: mov bx,offset errmsg
       call display
       ret
```

```
display proc near
        mov cx,30
disp1: mov dl,[bx]
        call dispchar
        inc bx
        loop disp1
        mov dl,0dh
        call dispchar
        mov dl,0ah
        call dispchar
        ret
display endp

dispchar proc near
        mov ah,2
        int 21h
        ret
dispchar endp

main endp
prognam ends
end start
```

6-3 位串插入。在数据区中存放一个字符串 string，称为源串，另有一个字符串 bitsg，它是一个右对齐的位串，长度用"bitsg_len ="这样的伪操作来说明。要求把字符串 bitsg 插入到源串 string 中。

```
;test63.asm

.model small
.386
.stack 200h
.data
  bitsg dd 7fffh
  string dd 12345678h,12345678h,12345678h,12345678h
  sgend dd ?
  bitoffset dd 58
  bitsglen = 15
.code
main proc
start:
    mov ax,@data
```

```
    mov ds,ax
    mov es,ax

    mov cx,bitsglen
    cmp cx,0
    je exit
    cmp cx,32
    jae exit
    mov edi,bitoffset
    mov ecx,(sgend - string)/4
    shl ecx,5
    cmp edi,ecx
    ja exit
    jb move
    mov esi,bitsg
    mov sgend,esi
    jmp exit
move:
    call movstring
    call insertbitsg
exit:
    mov ax,4c00h
    int 21h
main endp

movstring proc
    sub eax,eax
    std
    mov si,offset sgend - 4
    mov di,offset sgend
    mov ecx,(sgend - string )/4
    mov ebx,bitoffset
    shr ebx,5
    sub ecx,ebx
next:
    mov ebx,[si]
    shld eax,ebx,bitsglen
    stosd
    mov eax,ebx
    sub si,4
    loop next

    sub ebx,ebx
```

```
    sub edx,edx
    mov ecx,bitoffset
    and cl,1fh
    shrd ebx,eax,cl
    shld edx,ebx,cl
    shl eax,bitsglen
    mov ebx, - 1
    shl ebx,cl
    and eax,ebx
    or eax,edx
    mov [edi],eax
    ret
movstring endp

insertbitsg proc
    mov esi,bitsg
    mov edi,bitoffset
    mov ecx,edi
    shr edi,5
    shl edi,2
    and cl,1fh
    mov eax,string[edi]
    mov edx,string + 4[edi]
    mov ebx,eax
    shrd eax,edx,cl
    shrd edx,ebx,cl
    shrd eax,esi,bitsglen
    rol eax,bitsglen
    mov ebx,eax
    shld eax,edx,cl
    shld edx,ebx,cl
    mov string[edi],eax
    mov string + 4[edi],edx
    ret
insertbitsg endp

    end start
```

6-4 在字符串中查找每一个字符出现的次数。从键盘输入一个字符串存放在数据区的数组 str 中。输出字符串中的每个字符及每个字符出现的次数。

```
;test64.asm
    data     segment
    table    db    100 dup(?)
```

```
    n         dw    ?
    already   db    50 dup(?)
    alrnum    dw    0
data    ends
code    segment
main    proc        far
        assume cs:code,ds:data
start:
        push        ds
        mov         ax,0
        push        ax
        mov         ax,data
        mov         ds,ax
        lea         bx,table
        call        input
        dec         bx
        mov         cx,bx
        mov         n,bx
        lea         bx,table
next1:
        mov         al,byte ptr [bx]
        call        count
        inc         bx
        loop        next1
        ret
main                endp
;;;;;;;;;;;;;;
input   proc        near
        mov         ah,01h
        int         21h
        mov         byte ptr [bx],al
        inc         bx
        cmp         al,13
        jnz         input
        call        crlf
        ret
input   endp
;;;;;;;;;;;;;;
count   proc        near
        push        cx
        push        bx
        lea         bx,table
        mov         dh,0
```

```
        mov     cx,n
comp:
        cmp     al,byte ptr [bx]
        jnz     next
        inc     dh
next:
        inc     bx
        loop    comp
        call    compare
        pop     bx
        pop     cx
        ret
count           endp
;;;;;;;;;;;;;;;;;;;;
compare proc    near
        push    cx
        push    si
        lea     si,already
        mov     cx,alrnum
        cmp     cx,0
        je      display
comp1:
        cmp     al,[si]
        je      exit
        inc     si
        loop    comp1
display:
        call    show
exit:
        pop     si
        pop     cx
        ret
compare endp
;;;;;;;;;;;;;;;;;;;;
show    proc    near
        mov     dl,al
        mov     ah,02h
        int     21h
        call    setflag
        cmp     dh,09d
        jle     add30
        add     dh,07h
add30:
```

```
        add     dh,30h
        mov     dl,dh
        mov     ah,02h
        int     21h
        call    crlf
        ret
show            endp
;;;;;;;;;;;;;;;;;;;;;;
setflag proc    near
        push    si
        mov     si,alrnum
        mov     already[si],al
        inc     alrnum
        pop     si
        ret
setflag endp
;;;;;;;;;;;;;;;;;;
crlf    proc    near
        mov     dl,13
        mov     ah,02h
        int     21h
        mov     dl,10
        mov     ah,02h
        int     21h
        ret
crlf            endp
;;;;;;;;;;;;;;;;;;;;
code    ends
        end     start
```

6-5 从键盘输入一个姓名和电话号码,并把它显示出来。

主程序:

显示提示符 input name
调用子程序 in_name 输入人名
显示提示符 input a telephone number
调用子程序 in_phon 输入电话

```
;test65.asm
display macro   n,m,label
        lea     si,label
        mov     cx,n
show&m:
        mov     dl,byte ptr [si]
```

```
          mov       ah,02h
          int       21h
          inc       si
          loop      show&m
          endm
;;;;;;;;;;;;;;;;;;;;;;;;;;;;
data      segment
    mess1     db       'inputname:','$'
    mess2     db       13,10,'input a telephone num:','$'
    mess3     db       13,10,'NAME              TEL.',13,10,'$'
    inbuf     db       20 dup(?)
    outname   db       20 dup(?)
    outphone  db       20 dup(?)
data      ends
code      segment
main      proc      far
          assume cs:code,ds:data,es:data
start:
          push      ds
          sub       ax,ax
          push      ax
          mov       ax,data
          mov       ds,ax
          mov       es,ax
          lea       dx,mess1
          mov       ah,09h
          int       21h
          call      input_name
          lea       dx,mess2
          mov       ah,09h
          int       21h
          call      inphone
          call      printline
          ret
main endp
;;;;;;;;;;
input_name          proc   near
          lea       si,inbuf
          call      getchar
          cld
          dec       bx
          mov       cx,bx
          lea       si,inbuf
```

```
        lea     di,outname
        rep     movsb
        ret
input_name      endp
;;;;;;;;;;;;;;;;;
inphone proc    near
        lea     si,inbuf
        call    getchar
        cld
        dec     bx
        mov     cx,bx
        lea     si,inbuf
        lea     di,outphone
        rep     movsb
        ret
inphone endp
;;;;;;;;;;;;;;;;;;;;
getchar proc    near
        mov     bx,0
input:
        mov     ah,01h
        int     21h
        mov     [si],al
        inc     bx
        inc     si
        cmp     al,13
        jnz     input
        ret
getchar endp
;;;;;;;;;;;;;;;;;;;;;;
printline       proc    near
        lea     dx,mess3
        mov     ah,09h
        int     21h
        display 20,1,outname
        display 12,2,outphone
        ret
printline       endp
code    ends
        end     start
```

习题 7

7-1 在宏定义时,使用的关键字是什么?宏名是否需要成对出现?

解答:

使用的关键字是 MACRO。宏名不需成对出现。

7-2 在宏引用时,是否要求实参与形参的个数相等?若不要求,请简述当二者个数不一致时会出现什么情况。

解答:

实参与形参的个数不要求一定相等.若实元个数大于哑元个数,则多余的实元不予考虑;若实元个数小于哑元个数,则多余的哑元做空处理。

7-3 宏和子程序的主要区别有哪些?一般在什么情况下选用宏较好?在什么情况下选用子程序较好?

解答:

宏在程序汇编时进行展开,每调用一次就展开一次。所以,如果在一个程序中多次调用宏,程序的目标代码占有的空间会很大。而子程序是在程序执行期间由主程序调用,它只占用子程序自身的大小。但是,若需要从主程序传递很多数据,则使用宏比较合适;若对代码较长的功能实现最好用子程序实现。

7-4 宏的参数是如何传入宏定义体的?宏的参数传递与子程序的参数传递有哪些区别?

解答:

宏的参数是在宏被调用时,通过实元和哑元的一一对应传入宏定义体的。宏的参数传递时,实元和哑元个数不一定相等;但是子程序的参数传递时,实参和形参的个数及数据类型一定相等。

7-5 在有标号的宏定义体中,为什么最好使用 LOCAL 伪指令来说明标号?它在宏定义体中应处于什么位置?

解答:

因为在有标号的宏定义体中,如果宏被多次调用,则展开后会出现标号的多重定义。添加了 LOCAL 伪指令来说明标号,在汇编时会对每一个标号建立一个唯一的符号以示区别。

它在宏定义体中应处于第一个语句的位置。

7-6 编写一个宏 AddList para1, para2, num,其功能是将 para1 和 para2 开始的内存单元中的对应数据依次相加,结果保存到 para1 的对应内存单元中。para1 和 para2 是字节单元,num 是相加的字节数。

解答：

```
AddList MACRO para1, para2, num
    LOCAL     addt
    mov       cx, num
    mov       bx, 0
    addt:
    mov       al , para1[bx]
    add       al, para2[bx]
    adc       ah, 0
    mov       para1[bx], ax
    inc       bx
    dec       cx
    cmp       cx, 0
    jnz       addt
    ENDM
```

7-7 编写一个宏 SUM Data，Length，Result，其功能是求从 Data 开始的字节累加和，并把结果存入字类型参数 Result 中，Length 是需要累加的字节数。

解答：

```
SUM MACRO Data, Length, Result
    LOCAL next
    mov cx, Length
    mov ax, 0
    mov bx , 0
    next:
    add al, Data[bx]
    adc ah, 0
    inc bx
    dec cx
    cmp cx, 0
    jnz next
    mov Result, ax

ENDM
```

参 考 文 献

[1] 刘辉,王勇,等. 汇编语言程序设计[M]. 北京:清华大学出版社,2014.

[2] 求伯君. 新编深入 DOS 编程[M]. 北京:学苑出版社,1994.

[3] 沈美明,温冬婵. IBM-PC 汇编语言程序设计[M]. 2 版. 北京:清华大学出版社,2001.

[4] 罗云彬. Windows 环境下 32 位汇编语言程序设计[M]. 北京:电子工业出版社,2006.

[5] KIP R. Intel 汇编语言程序设计[M]. 北京:清华大学出版社,2005.

[6] 王爽. 汇编语言[M]. 北京:清华大学出版社,2003.

[7] 周明德. 64 位微处理器系统编程与应用编程[M]. 北京:清华大学出版社,2009.

[8] BREY B B. 8086/8088, 80286, 80386 and 80486 Assembly Langue Programming[M]. Macmillan Publishing Company USA,1994.

[9] Intel 公司. Intel® 64 and IA-32 Architectures Software Developer's Manual[Z]. Volume 1, Basic Architecture.

[10] AMD 公司. AMD64 Technology AMD64 Architecture Programmer's Manual[Z]. Volume 1: Application Programming.

[11] Willen D C, Krantz J I. 8088 Assembler Langue Programming: The IBM-PC[M]. Howard W. Sams & Co. Inc. ,1983.

[12] Tabler D N. IBM PC Assembly Language[M]. John Wiley & Sons,Inc. ,1985.

图书资源支持

感谢您一直以来对清华版图书的支持和爱护。为了配合本书的使用，本书提供配套的资源，有需求的读者请扫描下方的“书圈”微信公众号二维码，在图书专区下载，也可以拨打电话或发送电子邮件咨询。

如果您在使用本书的过程中遇到了什么问题，或者有相关图书出版计划，也请您发邮件告诉我们，以便我们更好地为您服务。

我们的联系方式：

地　　址：北京海淀区双清路学研大厦 A 座 707

邮　　编：100084

电　　话：010－62770175－4604

资源下载：http://www.tup.com.cn

电子邮件：weijj@tup.tsinghua.edu.cn

QQ：883604（请写明您的单位和姓名）

资源下载、样书申请

书圈

用微信扫一扫右边的二维码，即可关注清华大学出版社公众号“书圈”。